土壤污染防治与
生态修复实验技术

孙红梅　曹连宾　著

吉林大学出版社

·长　春·

图书在版编目(CIP)数据

土壤污染防治与生态修复实验技术/孙红梅,曹连

宾著.--长春:吉林大学出版社,2024.9.--ISBN

978-7-5768-3988-3

Ⅰ.X53-33

中国国家版本馆 CIP 数据核字第 2024JE9860 号

书　　名	土壤污染防治与生态修复实验技术	
	TURANG WURAN FANGZHI YU SHENGTAI XIUFU SHIYAN JISHU	
作　　者	孙红梅　曹连宾	
策划编辑	王宁宁	
责任编辑	王默涵	
责任校对	赵黎黎	
装帧设计	程国川	
出版发行	吉林大学出版社	
社　　址	长春市人民大街 4059 号	
邮政编码	130021	
发行电话	0431－89580028/29/21	
网　　址	http://www.jlup.com.cn	
电子邮箱	jldxcbs@sina.com	
印　　刷	吉林省极限印务有限公司	
开　　本	787mm×1092mm　1/16	
印　　张	12	
字　　数	159 千字	
版　　次	2024 年 9 月第 1 版	
印　　次	2024 年 9 月第 1 次	
书　　号	ISBN 978-7-5768-3988-3	
定　　价	78.00 元	

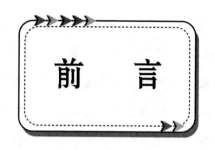

前　言

建设生态文明,是关系人民福祉、关乎民族未来的长远大计。面对资源约束趋紧,环境污染严重、生态系统退化的严峻形势,必须树立尊重自然,顺应自然,保护自然的生态文明理念,把生态文明建设放在突出地位,融入经济建设、政治建设、文化建设、社会建设各方面和全过程,努力建设美丽中国,实现中华民族永续发展。坚持节约资源和保护环境的基本国策,坚持节约优先、保护优先、自然恢复为主的方针,着力推进绿色发展、循环发展,低碳发展,形成节约资源和保护环境的空间格局、产业结构、生产方式、生活方式,从源头上扭转生态环境恶化趋势,为人民创造良好生产生活环境,为全球生态安全做出贡献。

土壤是农业生产的基础,也是人类生存与发展的重要组成部分。土壤污染事关农产品质量和人体健康,也关系经济社会发展和生态安全。土壤污染具有隐蔽性和滞后性。大气污染和水污染一般都比较直观,通过感官就能察觉;而土壤污染往往要通过土壤样品分析、农作物检测,甚至人畜健康的影响研究才能确定。土壤污染从产生到发现危害通常需要经过较长时间。土壤污染具有累积性,污染物更难在土壤中迁移、扩散和稀释,且容易在土壤中累积。土壤污染具有不均匀性,土壤性质差异较大,且污染物在土壤中迁移慢,导致土壤中污染物分布不均匀,空间变异性较大。土壤污染具有难可逆性,如重金属难以降解,导致重金属对土壤的污染基本上是一个不可完全逆转的过程。总体而言,治理污染土壤的成本高、周期长、难度大。

　　本教材结合我国的土壤资源与环境主题,构建完整的土壤环境调查、评价和修复技术体系,系统介绍了我国目前土壤污染防治与生态修复研究现状,并介绍了一些土壤污染物与生态修复研究常用的实验技术,包括土壤样品的采集和制备、土壤理化性质分析、植物对土壤污染的耐性与可塑性研究、污染土壤物理与化学修复技术、污染土壤植物与微生物修复技术、污染土壤联合修复技术等。本书可以作为环境科学与环境工程、土壤学、地质学、生态学、农业科学、地理与资源科学等专业本科生和研究生的通用课教材。

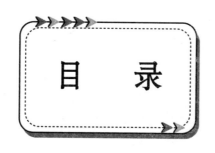

目　录

第一章　土壤的基础概述

土壤是指地球表面的一层疏松的物质,由各种颗粒状矿物质、有机物质、水分、空气、微生物等组成,能生长植物。土壤由岩石风化而成的矿物质、动植物、微生物残体腐解产生的有机质、土壤生物(固相物质)以及水分(液相物质)、空气(气相物质)、氧化的腐殖质等组成。固体物质包括土壤矿物质、有机质和微生物通过光照抑菌灭菌后得到的养料等。液体物质主要指土壤水分。气体是存在于土壤孔隙中的空气。土壤中这三类物质构成了一个矛盾的统一体。它们互相联系,互相制约,为作物提供必需的生活条件,是土壤肥力的物质基础。

第一节　土壤的形成

一、土壤形成的因素

在影响土壤形成的主要因素中,成土母质决定土壤的最初状态,气候决定土壤的发展方向,生物使土壤具有活力,人类活动对土壤也有深刻的影响。

(一)成土母质

成土母质的机械组成直接影响土壤的机械组成,也影响土壤中物质的存在状态和迁移转化过程,对土壤的发育、性状和肥力产生巨大的影响;另一方面,虽然母质和土壤的化学组成并不完全相同,但母质的化学组成是成土物质的主要来源,在风化和成土过程的初级阶段有重要影响。例如,由花岗岩、片麻岩风化形成的母质含有抗风化能力强的石英等浅色矿物质,使土壤环境中含有相当数量的石英颗粒,致使土壤机械组成砂粒多、质地粗、孔隙大、容易透水;这种矿物含有的盐基成分较少,在降水多的环境下很容易发生淋溶作用,导致营养物质和矿物元素大量流失,形成微酸性或酸性土壤。从环境学角度看，一方面，这类母质形成的土壤重金属元素含量低，土壤容易吸收重金属而受到污染；另一方面，重金属元素容易被淋洗，被污染后的土壤容易被改良。

（二）气候

土壤和大气之间不停进行着水分和热量的交换。因此，大气气候状况直接影响土壤的水热状况，主要体现在大气温度和湿度的差异。气候也影响着土壤中物质的累积、迁移和转化。

气候还可以通过影响岩石风化过程、外力地貌形态以及动、植物和微生物的活动间接地影响土壤的形成和发育。一个显著的例子是，从干燥的荒漠地带或低温的苔原地带到高温多雨的热带雨林地带，随着温度、降水、蒸发以及不同植被生产力的变化，化学与生物风化逐渐增强，有机残体归还逐渐增多，风化壳逐渐加厚。

（三）生物

生物作用使太阳能参与到成土过程之中，使分散在岩石圈、水圈、大气圈的营养元素汇聚于土壤。在土壤形成的过程中，植物的最重要作用表现在其与土壤之间的物质交换和能量流动。植物可把分散于母质、水圈和大气圈中的营养元素选择性地吸收起来，通过光合作用合成有机质，这些有机质在植物死亡后回归土壤被分解、转化，变成简单的矿质营养元素或比较复杂的腐殖质。

土壤微生物是土壤物质循环和能量流动不可或缺的一环。土壤微生物能够充分分解动植物残体，甚至使之完全矿质化；能够分解有机质、释放营养元素；合成腐殖质，提高土壤有机—无机胶体含量，改善土壤的物理化学性质。固氮微生物能固定大气中游离态的氮，微生物能分解、释放矿物中的元素，提高土壤中营养物质的含量。

（四）人类活动

自从人类诞生以来，人类活动就对土壤产生了极为深刻的影响。人类可以通过改变某一成土因素或各因素之间的关系来控制土壤发育的方向。例如,砍伐原有自然植被,代之以人工栽培作物或人工育林,可以直接或间接影响物质的生物循环方向和强度;再如,通过灌溉和排水可以改变自然土壤的水热条件,从而改变土壤中的物质运动过程;通过耕作、施肥等农业措施,可直接影响土壤发育以及土壤的物质组成和形态变化。

人类对土壤的干预有利的一面,但不利的一面不容小觑。例如,破坏自然植被和不合理利用土地会引起土壤侵蚀,干旱、半干旱地区无节制垦荒造成土壤沙化,大量的引水灌溉引起土壤盐渍化,大量使用农药和污水灌溉导致土壤污染等。我们应控制不利影响的产生,对于已产生的不利影响,则要尽快治理。

二、土壤物质组成

土壤是由固相(包括矿物质、有机质和活的生物有机体)、液相(土壤水分或溶液)和气相(土壤空气)等不同物质、多种成分共同组成的多相分散体系。按容积计,较理想的土壤固相物质约占总容积的 50%,其中矿物质占 38%～45%,有机质占 5%～12%,液相和气相共同存在于固相物质之间的孔隙中,各占土壤总体积的 20%～30%,总和占 50%。按质量计,矿物质占固相部分的 90%～95%,有机质占 1%～10%左右。由此可见,土壤是以矿物质为主的多组分体系。

(一)土壤矿物质

土壤矿物质是土壤固相的主体物质,构成了土壤的"骨骼",占土壤固相总质量的 90%以上。土壤矿物质胶体是土壤矿物质中最活跃的组分,其主体是黏粒矿物。土壤黏粒矿物胶体表面在大多数情况下带负电荷,比表面积大,能与土壤固、液、气相中的离子、质子、电子和分子相互作用,影响着土壤中的物理、化学、生物过程与性质。分析土壤矿物质及其组成对鉴定土壤类型、识别土壤形成过程有重大意义。

1. 土壤矿物质的矿物组成和化学组成

矿物是天然产生于地壳中具有一定化学组成、物理性质和内在结构的物质,是组成岩石的基本单位。矿物的种类很多,共 3300 种以上。

各种元素迁移的特点,不仅直接影响土壤矿物质的元素组成,而且与土壤质量密切相关。

按照矿物来源,可将土壤矿物分为原生矿物和次生矿物。原生矿物是直接来源于母岩的矿物,岩浆岩是主要来源,次生矿物是由原生矿物分解、转化而来的。土壤原生矿物是指那些经过不同程度物理风化,而未改变化学组成和结晶结构的原始成岩矿物,主要分布在土壤砂粒和粉砂粒中,以硅酸盐和铝硅酸盐占绝对优势。常见的有石英、长石、云母、辉石、角闪石和橄榄石以及其他硅酸盐类和非硅酸盐类。

土壤次生矿物是指原生矿物在母质或土壤形成过程中,经化学分解、破坏(包含水合、氧化和碳酸化等作用)形成的矿物。土壤次生矿物种类繁多,包括次生层状硅酸盐类、晶质和非晶质的含水氧化物类以及少量残存的简单盐类(如碳酸盐、重碳酸盐、硫酸盐和氯化物等)其中,层状硅酸盐类和含水氧化物类是构成土壤黏粒的主要成分,因而土壤学上将此两类矿物称为次生黏粒矿物(对土壤而言简称黏粒矿物,对矿物而言简称黏土矿物)它是土壤矿物中最活跃的组分。

2. 黏粒矿物

(1)构造特征

1:1型单位晶层由一个硅片和一个铝片构成。硅片顶端的活性氧与铝片底层的活性氧通过共用的方式形成单位晶层。这样1:1型层状铝硅酸盐的单位晶层有两个不同的层面,一个是具有六角形空穴的氧离子层面,一个是氢氧构成的层面。

2:1型单位晶层由两个硅片夹一个铝片构成。两个硅片顶端的氧都朝着铝片,铝片上下两层氧与硅片通过共用顶端氧的方式形成单位晶层。因此,2:1型层状硅酸盐单位晶层的两个层面都是氧离子面。

2:1:1型单位晶层是在2:1单位晶层的基础上多了一个八面体水镁片或水铝片,2:1:1型单位晶层由两个硅片、一个铝片和一个镁片(或铝片)构成。

(2)同晶置换

矿物形成时,性质接近的元素,在矿物晶格中相互替换而不破坏晶体结构的现象,称为同晶置换。在硅酸盐黏粒矿物中,最普通的同晶置换现象是晶体的中心离子被低价的阳离子所替代,如四面体中 Si 被 Al^{3+} 所替代,八面体中 Al^{3+} 被 Mg^{2+} 替代,所以土壤黏粒矿物以带负电荷为主。同晶置换现象在 2∶1 型和 2∶1∶1 型黏粒矿物中较为普遍,在 1∶1 型的黏粒矿物中则相对较少。

低价阳离子同晶置换高价阳离子会产生剩余负电荷,为达到电荷平衡,矿物晶层之间常吸附阳离子。阳离子同晶置换的数量会影响晶层表面电荷量的多少,而同晶置换的部位发生在四面体片还是发生在八面体片则会影响晶层表面电荷强度。这些都是影响层间结合状态和矿物特征的主要因素。同时,被吸附的阳离子通过静电引力束缚在黏粒矿物表面而不易随水流失。因此,从环境的角度对同晶置换进行评价,其结果可能导致某些重金属外源物质在土壤中不断积累以致超过环境容量而引发土壤污染。

(3)黏粒矿物的种类及一般特性

根据构造特点和性质,土壤黏粒矿物可归纳为 5 个类组:高岭组、蒙蛭组、水化云母组、绿泥石组、氧化组。其中除氧化组属于非硅酸盐黏粒矿物外,其余 4 类均属于硅酸盐黏粒矿物。

高岭组是硅酸盐黏粒矿物中结构最简单的一类。包括高岭石、珍珠陶土及埃洛石等,其单位晶胞分子可用 $Al_4Si_4O(OH)_8$ 表示,是水铝片和硅氧片相互重叠组成的 1∶1 型矿物,无膨胀型,所带电荷数量少,胶体特性较弱,在南方热带和亚热带土壤中普遍且大量存在。

蒙蛭组又称 2∶1 型膨胀性矿物,由两片硅氧片中间夹一水铝片组成,其单位晶胞分子可用 $(Al, Fe, Mg)4(Si, Al)8O_2O \cdot nH_2O$ 表示,包括蒙脱石、绿脱石、拜来石和蛭石等。与高岭组不同的是,蒙蛭组具有膨胀性,所带电荷数量多且胶体特性突出。蒙蛭组在我国东北、华北和西北地区的土壤中分布广。蛭石广泛分布于各土类中,但以风化不太强的温带和亚热带排水良好的土壤中最多。

水化云母组是 2∶1 型非膨胀性矿物,以伊利石为代表,故又称伊利组矿物,它的特征近似蒙脱石,主要区别在于相邻晶层之间有 K^+ 的引力作用而使晶层间结构较之蒙脱石更为紧密,故膨胀性较小,广泛分布于我国多种土壤中,在西北、华北干旱地区土壤中含量很高。

绿泥石组以绿泥石为代表,绿泥石是富含镁、铁及少量铬的硅酸盐黏粒矿物。具有 2:1:1 型晶层结构、同晶置换较普遍和颗粒较小等特征。土壤中的绿泥石大部分是由母质残留下来的,但也可由层状硅酸盐矿物转变而来。沉积物和河流冲击物中含较多绿泥石。

氧化物组包括水化程度不等的各种铁、铝氧化物及硅的水氧化物。其中有的为结晶型,如三水铝石、水铝石、针铁矿和褐铁矿等,有的则是非晶质无定形物质,如凝胶态物质水铝石英等。无论是结晶质还是非结晶质的氧化物,其电荷的产生都不是通过同晶置换获得的,而是由于质子化和表面羟基中 H^+ 的离解。氧化物组除水铝石英外,一般对阳离子的静电吸附力都很强,但是,铁铝氧化物,特别是它们的凝胶态物质,都能与磷酸根作用,固定大量的磷酸根。红壤中这类矿物含量较多,因此红壤的固磷能力很强。同时它们具有专性吸附作用,影响外源物质的行为与归宿。

(二)土壤有机质

土壤有机质是土壤中各种含碳化合物的总称,与矿物质一起构成土壤的固相部分,土壤中有机质含量并不多,只占固相总量的 10% 以下,耕作土壤多在 5% 以下,但它却是土壤的重要组成部分,是土壤发育过程中的重要标志,对土壤性质的影响重大。

一般来说,土壤有机质主要来源于动植物及微生物残体,但不同有机质来源也有差别。自然土壤有机质的主要来源是长期生长在其上的植物(地上的枯枝落叶和地下的死根与根系分泌物)及土壤生物;耕作土壤的情况则不同,由于自然植被已不复存在,栽培作物的大部分(产物)又被收获走,因而进入土壤的有机残体远不及自然土壤丰富,其有机质来源主要是人工施入的各种有机肥料、作物根茎以及根的分泌物,其次才是各种土壤生物。

有机质的含量在不同土壤中差异很大,高的可达 200g/kg 甚至 300g/kg 以上(如泥炭土、一些森林土壤等),低的不足 5g/kg(如一些沙漠土和砂质土壤)。在土壤学中,一般把耕作层有机质含量 200g/kg 以上的土壤称为有机质土壤,有机质含量 200g/kg 以下的土壤称为矿质土壤;耕作土壤中,表层有机质含量通常在 50g/kg 以下。土壤中有机质的含量与气候、植被、地形、土壤类型、耕作措施等影响因素密切相关。

土壤有机质的主要组成元素是 C、O、H 和 N,其次是 P 和 S,碳氮比大约在 10。土壤有机质主要的化合物组成是木质素和蛋白质,其次是半纤维素、纤维素、乙醚和乙醇等可溶性化合物。与植物组织相比,土壤有机质中木质素和蛋白质含量显著增加,而纤维素和半纤维素含量明显减少,大多数土壤有机质组分为非水溶性。

土壤腐殖质是除未分解和半分解动、植物残体及微生物以外的有机质总称。土壤腐殖质由非腐殖物质和腐殖物质组成,通常占土壤有机质的 90% 以上。非腐殖物质为有特定物理化学性质、结构已知的有机化合物,其中一些是经微生物代谢后的植物有机化合物,而另一些则是微生物合成的有机化合物。非腐殖物质占土壤腐殖质的 20%～30%,其中,碳水化合物(包括糖、醛和酸)占土壤有机质的 5%～25%,平均为 10%,它在增加土壤团聚体稳定性方面起着极其重要的作用。此外还包括氨基糖、蛋白质和氨基酸、脂肪、蜡质、木质素、树脂、核酸和有机酸等。腐殖质层经土壤微生物作用后,由多酚和多醌类物质聚合而成的含芳香环结构的、新形成的黄色至棕黑色非晶形高分子有机化合物,它是土壤有机质的主体,也是土壤有机质中最难降解的成分,一般占土壤有机质的 60%～80%。

1. 土壤腐殖质

腐殖质是一类组成和结构都很复杂的天然高分子聚合物,其主体是各种腐殖酸及其与金属离子相结合的盐类,与土壤矿物质密切结合形成有机无机复合体,因而难溶于水。因此要研究土壤腐殖酸的性质,首先必须用适当的溶剂将它们从土壤中提取出来。理想的提取剂应满足这些要求:对腐殖酸的性质没有影响或影响极小;获得均匀组分;具有较高的提取能力,能将腐殖酸几乎完全分离出来。但是,由于腐殖酸的复杂性以及组成上的非均质性,满足所有这些条件的提取剂尚未找到。

目前一般所用的方法是先把土壤中未分解或部分分解的动植物残体分离掉,通常用水浮选、手选和静电吸附法移去这些动植物残体,采用比重为 1.8 或 2.0 的重液(溴仿－乙醇混合物)可以更有效地去除动植物残体,被移去的这部分有机物称为轻组,而留下的土壤组则称为重组。然后根据腐殖质在碱、酸溶液中的溶解度可划分出几个不同组分,传统的分组方法是将土壤腐殖物质划分为胡敏酸、富里酸和胡敏素 3 个组分,其中胡敏酸是碱可溶、水和酸不溶,颜色和分子质量中等;富里酸是水、碱和酸都溶,颜色最浅和分子质量最轻;胡敏素则是水、碱和酸都不溶,颜色最深分子质量最高,但其中一部分可被热碱提取。再将胡敏素用 95% 乙醇回流提取,可溶于乙醇的部分称为吉马多美郎酸。目前对富里酸和胡敏酸的研究最多,它们是腐殖质中最重要的组成成分,但需要特别指出的是,这些腐殖质组分仅仅是操作定义上的划分,而不是特定化学组分的划分。

腐殖酸(胡敏酸和富里酸的合称)在土壤中的功能与分子的形状和大小有密切关系。腐殖酸的分子量(相对分子质量)因土壤类型及腐殖酸组成的不同而异,即使同一样品用不同方法测得的结果也有较大差异。腐殖酸分子量的变动范围从几至几百万。但共同的趋势是,同一土壤中,富里酸的平均分子质量最小,胡敏素的平均分子质量最大,胡敏酸则处于富里酸和胡敏素之间,我国几种主要的土壤胡敏酸和富里酸的平均分子量分别为 $890 \sim 2500$ 和 $675 \sim 1450$。土壤胡敏酸的直径范围为 $0.001 \sim 1\mu m$,富里酸则更小些。腐殖酸的整体结构并不紧密,整个分子表现出非晶质特征,具有较大的比表面积,高达 $2000m^2/g$,远大于黏性矿物的比表面积,腐殖酸是一种亲水胶体,有强大的吸水能力,单位重量腐殖物质的持水量是硅酸盐黏粒矿物的 $4 \sim 5$ 倍,最大吸水量超过其本身重量的 500%。

腐殖酸的主要元素组成是 C、H、O、N 和 S,此外还有少量的 Ca、Mg、Fe 和 Si 等灰分元素,不同土壤中腐殖酸的元素组成不完全相同,有的甚至相差很大。腐殖酸含碳量 55%~60%,平均为 58%;含氮 3%~6%,平均为 5.6%,其中碳氮比为 $10:1 \sim 12:1$。但不同的腐殖酸含碳量和含氮量均以富里酸、胡敏酸、胡敏素的次序增加,碳增加幅度分别为 4.5%~6.2% 和 2%~5%。富里酸的氧、硫含量大于胡敏酸,碳氢比和碳氧比小于胡敏酸。

腐殖物质的总酸度指的是羟基和酚羟基的总和。总酸度以胡敏酸、胡敏素和富里酸的次序增加,富里酸的总酸度最高,主要与其较高的羟基含量有关。总酸度的大小与腐殖质的活性有关,较高的总酸度意味着较高的阳离子交换量(CEC)和配位容量。羟基在 pH＝3 时、酚羟基在 pH＞7 时质子开始解离,产生负电荷,由于羟基、酚羟基等官能团的解离以及胺基的质子化,使腐殖酸分子具有两性胶体的特征,在分子表面上既带负电荷又带正电荷,而且电荷随着 pH 的变化而变化,在通常的土壤 pH 条件下,腐殖酸分子带净负电荷。正是由于腐殖酸中存在各种官能团,因而腐殖酸表现出多种活性,如离子交换、金属离子的配位作用、氧化－还原性以及生理活性。

2. 土壤有机质转化以及影响因素

有机质是土壤最活跃的物质组成。一方面,外来有机质不断进入土壤,经微生物分解和转化形成新的腐殖质;另一方面,土壤原来的有机质不断分解和矿化,离开土壤。进入土壤的有机质主要由每年加入土壤的动植物残体数量和类型决定,而土壤有机质的损失则主要取决于土壤有机质的矿化及土壤侵蚀程度。

有机质进入土壤后经历的一系列转化和矿化过程所构成的物质流通称为土壤有机质的周转。由于微生物是土壤有机物质分解和周转的主要驱动力,因此,凡是能影响微生物活动及其生理作用的因素都会影响有机质的转化。

(1)温度

温度影响植物的生长和有机质的微生物降解。一般来说,0℃以下土壤有机质的分解速率很低。0～35℃,温度升高能促进有机物质的分解,加速土壤微生物的生物周转。温度每升高 10℃,土壤有机质最大分解速率提高 23 倍。土壤微生物活动的最适宜温度范围为 25～35℃,超出这个范围,微生物的活动会受到明显抑制。

(2)土壤通气情况

土壤水分对有机质分解和转化的影响是复杂的。土壤微生物活动需要适宜的土壤含水量,但是过多的水分又会导致进入土壤的氧气减少,从而改变土壤有机质的分解过程和产物。当土壤处于嫌气状态时,大多数分解有机物的好氧微生物停止活动,从而导致有机物的积累。植物残体分解的最适水势为$-0.1\sim0.03$MPa,当水势降到-0.03MPa以下时,细菌的呼吸作用迅速降低,而真菌一直到$-5\sim-4$MPa时可能还有活性。

土壤有机质的转化受到土壤干湿交替作用的影响,干湿交替作用使土壤呼吸强度在很短时间内大幅度提高,并使其在几天内保持稳定的土壤呼吸强度,从而增加了土壤有机质的矿化作用,另一方面干湿交替作用会引起土壤胶体,尤其是蒙脱石、蛭石等黏性矿物的收缩和膨胀,使土壤团聚体崩溃,其结果一是使原先不能被分解的有机质因团聚体的分散而能被微生物分解;二是干燥引起部分土壤微生物死亡。

(3)植物残体特征

新鲜多汁的有机物比干枯秸秆容易分解,因为前者含有较多简单碳水化合物和蛋白质,后者含有较多纤维素、木质素、脂肪、蜡质等难于降解的物质。有机物的细碎程度影响其与外界的接触面,因而影响矿化速率,同样,密实有机物的分解速率比疏松有机物缓慢。

除了氮之外,硫、磷等元素也都是微生物活动所必需的,缺乏这些养分也同样会抑制土壤有机物的分解。土壤中加入新鲜的有机物会促进土壤原有有机物的降解。这种矿化作用称为新鲜有机质对土壤有机质的激发效应。激发效应可以是正,也可以是负。正激发效应有两大作用,一是加速土壤生物碳的周转,二是新鲜有机物引起土壤微生物活性增强,从而加速土壤原有有机物的分解。但通常情况下,微生物生物量的增加超过腐殖质的分解量,因此净效应促使土壤有机质增加。

(4)土壤特性

气候和植被在较大范围内会影响土壤有机质的分解和积累,而土壤质地在局部范围内会影响土壤有机质的含量。土壤有机质的含量与其黏粒含量存在极显著的正相关。

3.土壤有机质的作用及其生态与环境意义

基础土壤学中,就土壤有机质的作用而言,着重探讨的是其在土壤肥力方面的功效。有机质是土壤肥力的基础,它在提供植物需要的养分和改善土壤肥力特性上均有不可忽略的重要意义。其中,它对土壤肥力特性的改善又是通过影响土壤物理、化学及生物学性质而实现的,就环境科学而言,人们着重关注土壤有机质的生态与环境效应。

(1)有机质与重金属离子的作用

土壤腐殖质含有多种官能团,这些官能团对重金属离子有较强的配位和富集能力。土壤有机质与重金属离子的配位作用对土壤和水体中重金属离子的固定和迁移有极其重要的影响。

重金属离子的存在形态也受腐殖物质配位反应和氧化还原作用的影响。胡敏酸可作为还原剂将有毒的 Cr^{4+} 还原为 Cr^{3+},Cr^{3+} 能与胡敏酸上的羧基形成稳定的复合体,从而限制动植物对它的吸附性。腐殖物质还将 $V5+$ 还原为 V^{3+},Hg^{2+} 还原为 Hg。此外,腐殖质还能起催化作用,促成 $Fe(Ⅲ)$ 变成 $Fe(Ⅱ)$ 的光致还原反应。

腐殖酸对无机矿物也有一定的溶解作用。胡敏酸对方铅矿、软锰矿、方解石和孔雀石的溶解度比硅酸盐矿物大。胡敏酸对 Pb^{2+}、Zn^{2+}、Cu^{2+}、Ni^{2+}、CO_{2+}、Fe^{3+} 和 Mn^+ 等各种金属硫化物和碳酸盐化合物的溶解程度从最低的 $95\mu g/g(ZnS)$ 到最高的 $2100\mu g/g(PbS)$。腐殖酸对矿物的溶解作用实际上是其对金属离子的配位、吸附、还原作用的综合结果。

(2)有机质对农药等有机污染物的固定作用

土壤有机质对农药等有机污染物有强烈的亲和力,对有机污染物在土壤中的生物活性、残留、生物降解、迁移和蒸发等过程有重要的影响。土壤有机质是固定农药最重要的土壤组分,其对农药的固定与腐殖物质官能团的数量、类型和空间排列密切相关,也与农药本身的性质有关,一般认为极性有机污染物可以通过离子交换、质子化、氢键、范德华力、配位体交换、阳离子桥和水桥等不同机理与土壤有机质组合。对于非极性有机污染物可以通过分配机理与之结合腐殖质的分子结构既有极性亲水基团,也有非极性疏水基团,可以假定其以玻璃态和橡胶态存在。目前,土壤有机质玻璃态与橡胶态的概念已被许多研究证实。橡胶态有机质结构相对疏松,对有机污染物的吸附以分配作用为主,速度缓慢,呈线性且无竞争;而玻璃态有机质不仅结构致密紧实,内部还存在诸多纳米孔隙,对有机物的吸附除了分配吸附外,还存在相当分量的孔隙填充作用,因而吸附较快,呈非线性,且存在竞争吸附现象。

可溶性腐殖质能促进农药从土壤向地下水的迁移,富里酸有较低的分子质量和较高的酸度,能有效地促使农药和其他有机物移动。腐殖质还能作为还原剂改变农药的结构,这种改变因腐殖质中羧基、醇羟基、杂环和半醌的存在而加强。一些有毒有机化合物与腐殖质结合后,可使其毒性降低或消失。

（3）土壤对全球碳平衡的影响

土壤有机质也是全球碳平衡过程中非常重要的碳库。每年因土壤有机质生物降解释放到大气的总碳量为 $68 \times 10^{15}\mathrm{g}$。全球每年因燃烧燃料释放到大气的碳仅为 $6 \times 10^{15}\mathrm{g}$,是土壤呼吸作用释放碳的 $8\% \sim 9\%$;可见,土壤有机质的损失对地球自然环境具有重大影响。从全球来看,土壤有机碳水平不断下降,对全球气候变化的影响将不亚于人类活动。

（三）土壤水

土壤水是土壤的重要组成部分之一,由于土层内各种物质的运动主要是以溶液形式进行的,这些物质随同液态土壤水一起运动,因此,土壤水在土壤形成过程中起着极其重要的作用。同时,土壤水在很大程度上参与了土壤中许多物质的转化,如矿物质风化、有机化合物合成和分解等。不仅如此,土壤水是作物吸水的最主要来源,它是自然界水循环的一个重要环节,处于不断变化和运动中,势必影响到作物的生长和土壤化学、物理、生物过程。

1. 土壤水的物理形态

水在土壤中受到各种力(重力、土粒表面分子引力、毛管力等)的作用,因而表现出不同的物理状态,这决定了土壤水分的保持、运动及对植物的有效性。在土壤学中,按照存在状态将土壤水划分为:气态水(存在于土壤空气中的水汽);固态水(化学合成水、土壤水冻结形成的冰);液态水分为吸附水和自由水,吸附水又称束缚水,包括吸湿水(紧束缚水)和膜状水(松束缚水),自由水包括毛管水(毛管悬着水和毛管上升水)、重力水和地下水。

（1）吸湿水

干燥土粒所吸附的气态水保持在土粒表面的水分称为吸湿水。吸附力主要指土粒分子引力（土粒表面分子和水分子之间的吸引力）以及胶体表面电荷对水的极性引力。土粒分子引力产生的主要原因是土粒表面的表面能，其吸附能力可达上万个大气压。极性引力是因为水分子是极性分子，土粒吸引水分子的一个极，另一个被排斥的极本身又可作为固定其他水分子的点位。

（2）膜状水

把达到吸湿系数的土壤，再用液态水继续湿润，土壤吸湿水层外可吸附液态水分子而形成水膜，这种由吸附力吸附在吸湿水层外面的液态水膜叫作膜状水。膜状水的形成是由于土粒表面吸附水分子形成吸附水层以后，尚有剩余的吸附能力，它不能吸附动能较大的气态水分子，只能吸附动能较小的液态水分子，在吸湿水层外面形成水膜。膜状水所受吸力比吸湿水小。

膜状水的性质和液态水相似，黏滞性较高而溶解性较小。它能移动，以湿润的方式从一个土粒水膜较厚处向另一个土粒水膜较薄处移动，速度非常缓慢，一般为 $0.2\sim0.4nm/h$。

（3）毛管水

土壤中粗细不同的毛管孔隙连通形成复杂的毛管体系。毛管水是土壤自由水的一种，其产生主要是土壤中毛管力吸附的结果。毛管力的实质是毛管内汽水界面上产生的毛管力。根据土层中地下水与毛管水相连与否，可以分为毛管悬着水和毛管上升水两类。

在地下水较深的情况下，降水或灌溉水等地面水进入土壤，借助毛管力保持在上层土壤毛管孔隙中，它与来自地下水上升的毛管水并不相连，就像悬挂在上层土壤中一样，称为毛管悬着水。毛管悬着水是山区、丘陵等地势较高地区植物吸收水分的主要来源。

借助毛管力由地下水上升进入土壤中的水称为毛管上升水。从地下水面到毛管上升水所能到达的相对高度称为毛管水上升高度。毛管水上升的高度和速度与土壤孔隙大小有关，在一定的孔径范围内，孔径越粗，上升的速度越快,但上升的高度较低;反之,孔径越细,上升的速度较慢,但上升的高度越高。孔隙过细的土壤不但上升速度极慢,上升高度也有限。砂土的孔径粗,毛管上升水上升快,高度低;无结构的黏土,孔径细,非活性孔多,上升速度慢,高度也有限。

(4)重力水

当土壤水分超过田间持水量时,多余的水分就受重力作用沿土壤大孔隙向下移动,这种受重力支配的水叫做重力水,不受土壤吸附力和毛管力的作用。当土壤被重力水饱和时,即土壤的大小孔隙全部被水分充满时的土壤含水量称为饱和持水量,也称全蓄水量或最大持水量。

(5)地下水

土壤上层的重力水流至下层遇到不透水层时,积聚起来形成地下水,它是重要的水力资源。当土壤重力水向下移动,遇到第一个不透水层并在其上长期聚集起来形成的水叫做潜水。潜水具有自由表面,在重力作用下能自高处向低处流动,潜水面距地表面的深度称为地下水位。潜水位过高可引起土壤沼泽化或盐渍化,过深则引起土壤干旱。

上述各种水分类型,彼此密切交错联结,很难严格划分。在不同的土壤中,其存在形态也不尽相同,如粗砂土中毛管水只存在于砂粒与砂粒之间的触点上,称为触点水,彼此呈孤立状态,不能形成连续的毛管运动,含水量较少;在无结构的黏质土中,非活性孔多,无效水含量较高;而在质地适中的壤土和有良好结构的黏质土中,孔隙分布适宜,水、气比例协调,毛管水含量高,有效水较多。

2. 土壤水的有效性

土壤水的有效性是指土壤水能否被植物吸收利用及其难易程度。不能被植物吸收利用的水称为无效水,能被植物吸收利用的水称为有效水。根据吸收难易程度又分为速效水和迟效水。土壤水的有效性实际是以生物学的观点来划分的。

(1)土壤水分常数

土壤水分从完全干燥到饱和持水量,按其含水量的多少及土壤水能量的关系,可分为若干阶段,每一阶段代表一定形态的水分,表示这一阶段的水分含量,称为土壤水分常数。包括吸湿系数、萎蔫系数、田间持水量、饱和持水量和毛管持水量等。质地和结构相同或相似的土壤,其数值变化很小或基本固定,可作为土壤水分状况的特征性指标。

把干燥的土壤放入水汽饱和的容器中,土壤吸附气态水分子的最大含量称为吸湿系数,此时土壤表面有 $15\sim20$ 层水分子,吸湿系数的大小和土壤质地、有机物含量有关。质地越黏重,有机质含量越高,吸湿系数也越高。

当植物根系因无法吸水而发生永久萎蔫时的土壤含水量,称为萎蔫系数或萎蔫点,它因土壤质地、作物和气候的不同而不同。一般土壤质地越黏重,萎蔫系数越大。

土壤毛管悬着水达到最多时的含水量称为田间持水量,在数量上它包括吸湿水、毛管悬着水和膜状水。当一定深度的土体持水量达到田间持水量时,若继续供水,则该土体的持水量不能再增大,只能进一步湿润下层土壤,田间持水量是确定灌水量的重要依据,是土壤学的重要水分常数之一,田间持水量主要受土壤质地、有机质含量、结构和松紧状况影响。

(2)土壤有效水的范围及其影响因素

通常将土壤萎蔫系数看作土壤有效水的下限,低于萎蔫系数的水分,土壤无法吸收利用,所以属于无效水。一般把田间持水量作为土壤有效水的上限。因此,土壤有效水范围的经典概念是从萎蔫系数到田间持水量,田间持水量与萎蔫系数之间的差值即土壤有效水的最大含水量。土壤有效水最大含水量因土壤、作物而异。

随着土壤质地由砂变黏,田间持水量与萎蔫系数也随之升高,但升高的幅度不大。黏土的田间持水量最高,但萎蔫系数也高,所以其有效水最大含水量并不一定比壤土高,因而在相同的条件下,壤土的抗旱能力反而比黏土强。

一般情况下土壤含水量往往低于田间持水量。所以有效水含量就不是最大值,而是当时土壤含水量与萎蔫系数之差。在有效水范围内,其有效程度也不同。毛管水断裂量至田间持水量之间,由于含水多,土水势高,土壤吸水能力低,水分运动迅速,容易被植物吸收利用,所以称为"速效水"。当土壤水低于毛管水断裂量时,粗毛管中的水分已不连续,土壤水吸力逐渐增大,土水势进一步降低,毛管水移动变慢,根部吸水困难增加,这一部分水属于"迟效水"。

(四)土壤空气

土壤空气是土壤的重要组成之一,它对土壤微生物活动,营养物质、土壤污染物转化以及植物生长发育有重大作用。

1.土壤空气的数量及其影响因素

空气和水分共存于土壤的孔隙系统中,在水分不饱和的情况下,孔隙中总有空气存在。土壤空气主要从大气渗透进来,其次,土壤内部进行的生物化学过程也能产生一些气体。

土壤空气的数量取决于土壤孔隙的状况和含水量。在土壤固、液、气三相体系中,土壤空气存在于被水分占据的空隙中,一定容积的土体,如果孔隙度不变,土壤含水量升高,空气含量必然减少,所以在土壤孔隙状况不变的情况下,二者是相互消长的关系。土壤质地、结构和耕作状况都可以影响土壤孔隙状况和含水量,进而影响土壤空气的数量。砂质土壤的大孔隙相对较多,因此具有较大的容气能力和较好的通气性;黏质土壤的大孔隙少,相应降低了容气能力和通气性。

2.土壤空气的组成

土壤空气的数量和组成不是固定不变的,土壤孔隙状况和含水量的变化是土壤空气量变化的主要原因。土壤空气组成的变化也同时受到两组过程的制约,一组过程是土壤中的各种化学和生物化学反应,其作用结果是产生 CO_2 和消耗 O_2;另一组过程是土壤空气与大气相互交换,即空气运动,此两种过程,前者趋于扩大土壤空气组成与大气差别,后者趋于使土壤空气与大气成分一致,总体表现为一种动态平衡。

3.土壤空气的运动

土壤是一个开放的耗散体系,时时刻刻进行着物质交换和能量流动。土壤空气并不是静止的,它在土体内部不停地运动,并不断地与大气进行交换。如果土壤空气和大气不进行交换,土壤空气中的氧气可能在12~40h内消耗殆尽。土壤空气运动的方式有对流和扩散,凭借这两种运动,土壤中的空气得以更新。

（五）土壤生物

土壤生物是土壤具有生命力的主要因素,在土壤形成和发育过程中起主导作用。同时,它是净化土壤有机污染物的主力军。因此,生物群体是评价土壤质量和健康状况的重要指标。

1.土壤生物的类型和组成

土壤生物是栖居在土壤(包括枯枝落叶层和枯草层)中的生物体的总称,主要包括土壤动物、土壤微生物和高等植物根系。它们有多细胞的后生动物,单细胞的原生动物,真核细胞的真菌(酵母、霉菌)和藻类,原核细胞的细菌、放线菌和蓝细菌及没有细胞结构的分子生物等。

（1）土壤动物

土壤动物是指在土壤中度过全部或部分生活史的动物,种类繁多、数量庞大,几乎所有的动物门、纲都可在土壤中找到它们的代表。按照系统分类,土壤动物可分为脊椎动物、节肢动物、软体动物、环节动物、线性动物和原生动物。

（2）土壤微生物

在土壤－植物整个生态系统中,微生物分布广、数量大、种类多,是土壤生物最活跃的部分。土壤微生物的分布与活动,一方面反映了土壤生物因素对生物分布、群落组成及其种间关系的影响和作用;另一方面也反映了微生物对植物生长、土壤环境、物质循环与迁移的影响和作用。

2.土壤微生物的根际效应及其环境意义

（1）土壤微生物的根际效应

根际微生物是土壤微生物研究的一个重要方面,根际是土壤微生物活动旺盛的区域,有别于一般土体,根系分泌物提供的特定碳源及能源可使根际微生物数量和活性明显增加,一般为非根际土壤的 $5\sim20$ 倍,最高可达 100 倍。植物根的类型、年龄、不同植物的根、根毛的多少等,都可影响根际微生物的数量、种群结构及丰富特征。此外,根际区域中土壤 pH、Eh、土壤湿度、养分状况及酶活性也是植物生存的影响参数。根与土壤理化性质的不断变化,导致土壤结构变化,土壤微生物环境也随之变化。

根际微生物与根系组成了一个特殊的生态系统。许多根际微生物能分泌特定的物质并改变根的形态结构。植物根系与真菌共生的菌根,可以使根系吸收土壤养分的能力显著提高。此外,根系与微生物之间还存在某种程度的专一性,可利用这种关系来防治有害生物对根的伤害。

植物的营养状况可从多方面影响根际微生物的活性,而根际微生物的活动又反过来制约着植物的生长发育及其对养分的转化与摄取能力。例如缺铁或钾时,根际细菌数量均有所增加;施用铵态氮肥也有同样的趋势。根际环境条件对根际微生物的组成和活性也有明显影响。例如施用硝态氮肥,可以直接抑制菌丝发育或间接促进根际细菌生长而抑制病原菌的蔓延。

植物根际促生细菌(PGPR)是存在于根际内的一些对植物生长有促进和保护作用的微生物。近几十年来对PGPR的应用研究一直未间断,人们已将它们制成菌剂接种于小麦、水稻、玉米和甘蔗等作物,胡萝卜、黄瓜等蔬菜,以及甜菜、棉花、烟草等经济作物的根际,或用它们处理种子或马铃薯种块等,都取得了显著的增产和生物防治效果。但是由于土著菌的竞争及其他土壤环境因子干扰了PGPR的繁殖和活性,在应用于田间时效果不稳定或不显著。PGPR对植物的促进作用是多种效应的综合结果,可分为以下几个方面:改善植物根际的营养环境,产生多种生理活性物质刺激作物生长,对根际有害微生物的生物防治作用。

(2)土壤微生物根际效应的环境意义

根际效应造成的土壤根际微生物种群及活性的变化,成为土壤重金属及有机农药等污染物根际快速消减的机理,并由此促使相关研究者对其深入探索,推动环境土壤学、环境微生物学等相关学科的不断前进。目前,土壤微生物学研究已成为环境土壤学的活跃领域。

近年来,土壤微生物的根际效应被看作污染土壤根际微生物修复的理论前提,挖掘根际微生物降解菌资源和原位激发其活性,是根际微生物修复的主要目标。大量研究表明,根际土壤中典型持久性有机污染物多环芳烃(PAHs)降解菌数量大于非根际土壤,多环芳烃降解菌在根际土壤中有选择性地增加。将高酥油草和三叶草种到 PAHs 污染土壤上,经过 12 个月后,高酥油草和三叶草根系土壤中 PAHs 降解菌数量是非根系的 100 多倍。

三、土壤剖面分化与特征

土壤剖面是一个具体的土壤垂直断面,其深度一般达到基岩或达到地表沉积体为止。一个完整的土壤剖面应包括土壤形成过程中所产生的发生学层次(发生层)和母质层,不同发生层相互结合,可构成不同类型的土壤构型,由此产生各种土壤类型的分化。

(一)土壤发生层和土体构型

土壤发生层是指土壤形成过程中具有特定性质的组成、大致与地面平行的,并具有尘土过程特征的层次。作为一个土壤发生层,应至少能被肉眼识别,并不同于相邻的土壤发生层。识别土壤发生层的形态特征一般包括颜色、质地、结构、新生体和紧实度等。

土壤发生层分化越明显,即上下层之间的差别越大,表示土体非均一性越显著,土壤的发育度越高,但许多土壤剖面中发生层之间是逐渐过渡的,有时母质的层次性会残留在土壤剖面中。

土壤构型(土壤剖面构型)是各土壤发生层(也包括残留的具层次特征的母质层)有规律组合、有序排列的状况,是土壤剖面最重要的特征,它是鉴别土壤的重要依据。

(二)基本土壤发生层

依据土壤剖面中物质累积、迁移和转化的特点,一个发育完全的土壤剖面,从上至下可划分出三个最基本的发生层,组成典型的土壤构型。

1. 淋溶层(A 层)

处于土体最上部,故又称为表土层,它包括有机质的积聚层和物质的淋溶层。该层中生物活动最为强烈,进行着有机质的积聚或分解转化过程。在较湿润的地区,该层发生着物质淋溶,故称为淋溶层。它是土壤剖面中最为重要的发生层,除强烈侵蚀土壤外,任何土壤都有这一层。

2.淀积层(B层)

它处于A层下面,是物质淀积作用造成的,淀积的物质可以来自土体的上部,也可来自下部地下水的上升,可以是黏粒,也可以是钙、铁、锰和铝等,淀积层的位置可以是土体的中部也可以是土体的下部。一个发育完全的土壤剖面必须具备这一土层。

3.母质层(C层)

处于土壤最下部,没有产生明显成土作用的土层,其组成物就是所述的母质。

第二节　土壤的性质

一、土壤物理性质

从物理学角度来看,土壤是一个极其复杂的、三相物质的分散系统。它的固相基质包括大小、形状和排列不同的土粒。这些土粒相互排列和组织,决定着土壤结构与孔隙特征,水和空气就在孔隙中保存和传导。土壤三相物质的组成和它们之间强烈的相互作用,表现出土壤的各种物理性质。

(一)土壤质地

土壤质地在一定程度上反映了矿物组成和化学组成,同时,土壤颗粒的大小与土壤物理性质有密切关系,并且影响土壤孔隙状况,从而对土壤水分、空气、热量的运动和物质的转化有很大影响。因此,质地不同的土壤表现出不同的性状。

关于土壤质地的定义,在早期土壤学研究中,常把它与土壤机械组成直接等同起来,这实际上是把两个相互紧密联系而又不同的概念混淆了。每种质地的机械组成都有一定的变化范围,因此,土壤质地应是根据土壤机械组成划分的土壤类型。土壤质地主要继承了成土母质的类型和特点,一般分为砂土、黏土和壤土三组,不同质地组反映了不同的土壤性质。根据此三组质地中机械组成的组内变化范围,可细分出若干种质地名称。

质地反映了母质来源及成土过程的某些特征,是土壤的一种自然属性;同时,其黏、砂程度对土壤物质的吸附、迁移及转化均有很大影响。

土壤颗粒(土粒)是构成土壤固相骨架的基本颗粒,其形状和大小多种多样,可以呈单粒,也可能结合成复粒存在。根据单个土粒当量粒径(假定土粒为圆球形的直径)的大小,可将土粒分为若干组,称为粒级。各种粒级制都把土粒大致分为石砾、砂粒、黏粒和粉粒(包括胶粒)四组。

(1)石砾,由母岩碎片和原生矿物粗粒组成,其大小和含量直接影响耕作难易。

(2)砂粒,由母岩碎片和原生矿物细粒(如石英等)组成,通气性好,无膨胀性。

(3)黏粒,是各级土粒中最活跃的部分,主要由次生铝硅酸盐组成,呈片状,颗粒很小,有巨大的比表面积,吸附能力强。由于黏粒孔隙很小,膨胀性大,所以通气和透水性差。黏粒矿物类型和性质能反映土壤形成条件和形成过程的特点。

(4)粉粒,其矿物组成以原生矿物为主,也有次生矿物。氧化硅和铁硅氧化物的含量分别在 $60\%\sim80\%$ 及 $5\%\sim18\%$ 之间。就物理性质而言,粒径 $0.01mm$,是颗粒物理性状发生明显变化的分界线,即物理性砂粒与物理性黏粒的分界线。粉粒颗粒的大小和性质均介于砂粒和黏粒之间,有微弱的黏结性、可塑性、吸湿性和膨胀性。

(二)土壤孔性与结构性

土壤孔隙性质(简称孔性)是指土壤孔隙总量及大、小孔隙的分布,决定于土壤质地、松紧度、有机质含量和结构等。土壤结构性是指土壤固体颗粒的结合形式及其相应的孔隙性和稳定性。可以说,土壤结构性好则孔性好,反之亦然。

1. 土壤孔性

土壤孔隙的数量及分布,可分别用土壤孔(隙)度和分(级)孔度表示。土壤孔度一般不直接测定,而以土壤容重和土壤比重计算而得。土壤分孔度,即土壤大小孔隙的分配,包含连通情况和稳定程度。

土壤比重:单位容积固体土粒(不包括粒间孔隙)的干重与 4℃时同

体积水重之比,称为土壤比重,无量纲,其数值大小主要决定于矿物组成,有机质含量对其也有一定影响。一般把接近土壤矿化比重(2.6~2.7左右)的2.65作为土壤表层平均比重值。

土壤容重:单位容积土体(包括粒间孔隙)的烘干重,称为土壤容重,单位为g/cm^3,受土壤质地、有机质含量、结构性和松紧度影响,土壤容重值变化较大。土壤容重是土壤学中十分重要的基础数据,可作为粗略判断土壤质地、结构、孔隙度和松紧状况的指标,并可用于计算任何体积的土重。

土壤孔度:土粒与团聚体之间以及团聚体内部的孔隙,称为土壤孔隙。土壤孔隙的容积占整个土体容积的百分数,称为土壤孔度,也叫总孔度。

砂土的孔隙粗大,但孔隙数目少,故孔度小;黏土的孔隙狭细但数目众多,故孔度大。一般来说,砂土的孔度为30%~45%,壤土为40%~50%,黏土为45%~60%,结构良好的表土孔度高达55%~65%,甚至在70%以上。

由于土壤固相骨架内的土粒大小、形状和排列多样,粒间孔隙的大小、形状和连通情况极为复杂,很难找到有规律的孔隙管道来测量其直径以进行大小分级。因此,土壤学中常用当量孔隙及其直径——当量孔径(或称为有效孔径)代替。它与孔隙的形状及其均匀性无关。

当量孔径与土壤水吸力成反比,孔隙越小则土壤水吸力越大。每一当量孔径与一定的土壤水吸力相对应。按当量孔径大小不同,土壤孔隙可分为三级:非活性孔、毛管孔和通气孔。其中,非活性孔为土壤最细微的孔隙,当量孔径在0.002mm以下,几乎总被土粒表面的吸附水充满,又称为无效孔隙;毛管孔是土壤中毛管水所占据的孔隙,当量孔径约为0.02~0.002mm,通气孔的孔隙较大,当量孔径大于0.02mm,其中水分受重力支配可排出,不具有毛管作用,故又称非毛管孔。

2.土壤的结构性

了解土壤的结构性可从土壤结构体及其分类着手。自然界中土壤固体颗粒很少完全呈单粒状存在,多数情况下,土粒(单粒和复粒)会在内外因素综合作用下团聚成一定形状和大小且性质不同的团聚体(即土壤结构体),由此产生土壤结构。因此,土壤的结构性可定义为土壤结构体的种类、数量及其结构体内外孔隙状况等综合性质。

土壤结构体的划分主要依据它的形态、大小和特征。目前国际上尚无统一的土壤结构体分类标准。最常用的是根据形态和大小等外部性状来分类,较为精细的分类则结合外部性状与内部特征(主要是稳定性、多孔性)同时考虑。

(三)土壤的黏结性与粘着性

土壤黏结性是土粒与土粒之间由于分子引力而相互黏结在一起的性质。这种性质使土壤具有抵抗外力破坏的能力,是耕作阻力产生的主要原因。干燥土壤中,黏结性主要由土粒本身引起。在湿润时,由于土壤中含有水分,土粒与土粒的黏结常是以水膜为媒介的,实际上它是"土粒—水膜—土粒"之间的黏结作用。同时粗土粒可以通过细土粒粘结在一起,甚至通过各种化学胶结剂黏结。土壤黏结性的强弱,可用单位面积上的粘结力(g/cm^3)来表示。土壤的粘结力,包括不同来源和土壤本身的内在力,有范德华力、库仑力以及水膜的表面张力等物理引力,有氢键的作用,还往往有化学胶结剂的胶结作用。

土壤粘着性是土壤在一定含水量范围内,土粒粘附在外物上的性质,即土粒—水—外物相互吸引的性能,土壤黏着力的大小仍以(g/cm^3)来表示。土壤开始呈现黏着力的最小含水量称为粘着点;土壤丧失黏着力时的最大含水量,称为脱粘点。

二、土壤化学性质

(一)土壤胶体特性及吸附性

土壤胶体是指土壤中粒径小于 $2\mu m$ 或小于 $1\mu m$ 的颗粒,是土壤中颗粒最细小、最活跃的部分。土壤胶体是土壤中所有化学过程和化学反应物质的基础,深刻影响着土壤中的矿物形成演化、土壤结构稳定性、土壤养分有效性、土壤污染物的毒性以及污染土壤的修复等一系列物理、化学和生物过程。按成分和来源,土壤胶体可分为无机胶体、有机胶体和有机无机复合胶体三类。

1. 土壤胶体特征

土壤胶体是土壤中最活跃的部分,由微粒核及双电层两部分构成,这种构造使土壤胶体产生表面特性及电荷特性,表现为具有较高的比表面积并带电荷,能吸持各种重金属元素,有较大的缓冲能力,对土壤中元素的保持、忍受酸碱变化以及减轻某些毒性物质的危害有重要作用。此外,受结构的影响,土壤胶体还具有分散、絮凝、膨胀和收缩等特性,这些特性与土壤结构的形成及污染元素在土壤中的行为均有密切关系。而土壤胶体的表面电荷则是土壤具有一系列化学、物理化学性质的根本原因。土壤中的化学反应主要是界面反应,这是由于表面结构不同的土壤胶体所产生的电荷,能与溶液中的离子、质子和电子发生作用。土壤表面电荷数量决定着土壤所能吸附的离子数量,而土壤表面电荷数量与土壤表面所确定的电荷密度,则影响着对离子的吸附强度。所以,土壤胶体特性影响着污染元素、有机污染物等在土壤固相表面或溶液中的积聚、滞留、迁移和转化,是土壤对污染物有一定自净作用和环境容量的根本原因。

2. 土壤吸附性

土壤吸附性是重要的土壤化学性质,它取决于土壤固相物质的组成、含量、形态和溶液中离子的种类、含量、形态以及酸碱性、温度和水分状况等条件及其变化,这些因素影响着土壤中物质的形态、转化、迁移和有效性。土壤是永久电荷表面与可变电荷表面共存的体系,可吸附阳离子,也可吸附阴离子。土壤胶体表面能通过静电吸附的离子与溶液中的离子进行交换反应,也可通过共价键与溶液中的离子发生配位吸附。因此,土壤学中将土壤吸附定义为:土壤固相或液相界面上离子或分子的浓度大于整体溶液中该离子或分子浓度的现象,这一现象称为正吸附。在一定条件下也会出现与正吸附相反的现象,称为负吸附,是土壤吸附性的另一种表现。

3. 土壤胶体特性及吸附性的环境意义

氧化物及其水合物对重金属离子的专性吸附,起着控制土壤溶液中金属离子浓度的作用,土壤溶液中 Zn、Cu、Co 和 Mo 等微量重金属离子浓度主要受吸附—解吸作用支配,其中氧化物的专性吸附作用更为重要,因此,专性吸附在调控金属元素的生物有效性和生物毒性方面起着重要作用。

土壤是重金属元素的汇,当外源重金属进入土壤或河流底泥时,易被土壤氧化物、水化物等胶体固定,对水中的重金属污染起一定净化作用,并在一定程度上缓冲和调节了这些重金属离子从土壤溶液流向植物体内的迁移和积累,另一方面,专性吸附作用也给土壤带来了潜在污染危险。因此,在研究专性吸附的同时,还必须探讨通过土壤胶体专性吸附的重金属离子的生物效应问题。

由于土壤胶体的特性会影响农药等化合物在土壤环境中的转化,从而导致化学物质的环境滞留。进入土壤的农药可能被黏粒矿物吸附而失去药性,当条件改变时又释放出来,有些有机化合物可能在黏粒表面发生催化降解而实现脱毒。

黏粒吸附阳离子态有机污染物的机制是离子交换作用,例如,杀草快和百草枯等除草剂是强碱性,易溶于水而完全离子化,黏粒对这类污染物的吸附与其交换量有着十分密切的关系。很多有机农药碱性较弱,呈阳离子态,与黏粒上金属离子的交换能力决定于农药从介质中接收质子的能力,同时易受 pH 的影响,黏粒矿物表面可提供 H^+ 使农药质子化。

有机污染物与黏粒的复合,必然影响其生物毒性,影响能力取决于其吸附能力与降解能力。例如,蒙脱石吸附白枯草很少呈现植物毒性,而吸附于高岭石和蛭石的白枯草仍有毒性。不同交换性阳离子对蒙脱石所吸附农药的释放程度也不同。铜—黏粒—农药体最为稳定,农药少量逐步释放;而钙—黏粒—农药复合体很不稳定,差不多立即释放全部农药;铝体系的释放情况介于二者之间。农药解吸的难易,直接决定土壤中残留农药生物毒性的大小。

(二)土壤酸碱性

土壤酸碱度与土壤固相组成和吸收性有着密切关系,是土壤的重要化学性质,对植物生长、土壤的生产力、土壤污染与净化都有较大影响。

1. 土壤 pH

土壤酸碱度常用土壤溶液的 pH 表示。土壤 pH 常被看成土壤性质的主要变量,它对土壤的许多化学反应和化学过程都有很大影响,对土壤中氧化还原、沉淀溶解、吸附、吸解和配位反应起支配作用。土壤 pH 对微生物和植物所需养分元素的有效性有显著影响,在 pH 大于 7 的情况下,一些元素,特别是微量金属阳离子 Zn^{2+}、Fe^{3+} 溶解度降低,植物和微生物会受到此类元素缺乏而带来的负面影响;pH 小于 $5.0\sim5.5$ 时,铝、锰等众多重金属离子的溶解度提高,对许多生物产生毒害;更极端的 pH 预示着土壤将出现特殊离子和矿物质,例如 pH 大于 8.5 时,一般会有大量的溶解性 Na^+ 或交换性 $Na+$ 存在,而 pH 小于 3 时,则往往会有金属硫化物存在。

2. 影响土壤酸碱度的因素

土壤在一定成土因素作用下具有一定的酸碱度范围,并随着成土因素的变迁而发生变化。

(1) 气候

温度、雨量多的地区,风化淋溶较强,盐基易淋失,容易形成酸性的自然土壤。半干旱或干旱地区的自然土壤,盐基不易淋失,又由于土壤水分蒸发量大,下层盐基通过毛管水而聚积到土壤的上层。

(2) 地形

在同一气候小区域内,处于高坡地形位置的土壤,淋溶作用较强,所以其 pH 较低地低。半干旱或干旱地区的洼地土壤,由于承纳高处流入的盐碱较多,或因地下水矿化程度高而接近地表,使土壤呈碱性。

(3) 母质

在其他成土因素相同的条件下,酸性的母岩(如砂岩、花岗岩)常较碱性的母岩(如石灰岩)形成的土壤 pH 低。

(4) 植被

针叶林的灰分中盐基成分较阔叶林少,因此针叶林下的土壤酸性

较强

（5）人类耕作活动

耕作土壤的酸碱度受人类活动影响很大，特别是施肥，施用石灰石、草木灰等碱性肥料可以中和土壤酸度；长期施用硫酸铵等生理酸性肥料，会遗留酸根导致土壤酸化。排灌也可以影响土壤的酸碱度。

此外，土壤的某些性质也会影响土壤的酸碱度，例如盐基饱和度、盐离子种类和土壤胶体类型。土壤胶体为氢离子饱和的氢质土呈酸性，为钙离子饱和的钙质土接近中性，为钠离子饱和的钠质土呈碱性。当土壤盐基饱和度相同而胶体类型不同时，土壤酸碱度也各异。这是因为不同胶体类型所吸收的 H^+ 具有不同的解离度。

3. 土壤酸碱性的环境意义

土壤酸碱性对土壤微生物的活性、矿物质和有机质分解起重要作用。通过干预土壤中进行的各项化学反应，影响组分和污染物的电荷特性，以及沉淀－溶解、吸附－解吸和配位－解离平衡等，从而改变污染物的毒性；同时，土壤酸碱性还通过影响土壤微生物的活性来改变污染物毒性。

土壤溶液中大多数金属元素（包括重金属）在酸性条件下以游离态或水化离子态存在，毒性较大，而在中、碱性条件下易生成难溶性氢氧化物沉淀，毒性大为降低。以污染元素 Cd 为例，在高 pH 和高二氧化碳条件下，Cd 形成较多碳酸盐，有效度降低。但在酸性土壤中同一水平下的溶解性 Cd，即使增加二氧化碳分压，溶液中的 Cd^{2+} 仍保持很高水平。土壤酸碱度的变化不但直接影响金属离子的毒性，而且也改变其吸附、沉淀和配位反应的特性，从而间接地改变其毒性。

土壤酸碱性也显著影响离子（如铬、砷）在土壤溶液中的形态，影响它们的吸附、沉淀等特性。在中性或碱性条件下，Cr^{3+} 可被沉淀为 $Cr(OH)_3$。在碱性条件下由于 OH^- 的交换能力大，能使土壤中可溶性砷的百分率显著增加，从而增加砷的生物毒性。

此外，有机污染物在土壤中积累、转化和降解也受到土壤酸碱性的影响和制约。例如,有机氯农药在酸性条件下性质稳定,不易降解,只有在强碱条件下才能加速代谢;持久性有机污染物五氯酚(PCP)在中性及碱性土壤环境中呈离子态,移动性大,易随水流失,而在酸性条件下呈分子态,易为土壤吸附而降解,半衰期增加;有机磷和氨基甲酸酯农药虽然在碱性环境中易于水解,但地亚胺则易于发生酸性水解反应。

(三)土壤氧化性和还原性

与土壤酸碱性一样,土壤氧化性和还原性也是土壤的重要化学性质。电子在物质之间的传递引起氧化还原反应,表现为元素价态的变化。土壤中参与氧化还原反应的元素有 C、H、N、O、S、Fe、Mn、Aa、Cr 及其他一些变价元素,较为重要的是 O、S、Fe、Mn 和某些有机化合物,S、Fe、Mn 等的转化主要受氧和有机质的影响。土壤中的氧化还原反应在干湿交替下最为频繁,其次是有机质的氧化和生物机体的活动,土壤氧化还原影响着土壤形成过程中物质的转化、迁移和土壤剖面的发育,控制着土壤元素的形态和有效性,制约着土壤环境中某些污染物的形态、转化和归趋。因此,氧化还原反应在土壤环境中具有十分重要的意义。

1.土壤氧化还原反应的环境意义

从环境科学的角度看,土壤的氧化性和还原性与有毒物质在土壤环境中的消长密切相关。

针对有机污染物,在热带、亚热带地区间歇性阵雨或干湿交替对厌氧、好氧细菌的繁殖均有利,比单纯的氧化或还原条件更有利于有机农药分子结构的降解。特别是环状结构的农药,环的开裂反应需要氧参与,如 DDT 的开环反应,地亚农代谢产物嘧啶环的裂解。

大多数有机氯农药在还原环境下才能加速代谢,例如六六六(六环己烷)在旱地土壤中分解缓慢,在蜡状芽孢菌参与下,经脱氯反应后快速代谢为五环己烷中间体,后者在脱去氯化氢后生成四氯环己烯和少数氯苯类代谢物。分解 DDT 适宜的 Eh 值为$-250\sim0\text{mV}$,艾氏剂也只有在 $\text{Eh}<-120\text{mV}$ 才快速降解。

针对重金属,土壤中大多数重金属元素是亲硫元素,在农田厌氧还原条件下易生成难溶性硫化物,降低了重金属元素的毒性和危害。土壤中低价 S^{2+} 来源于有机质的厌氧分解和硫酸盐的还原反应。水田土壤 Eh 低于 $-150mV$ 时,S^{2+} 的生成量在 100g 土壤中可达 20mg。当土壤转为氧化状态时,难溶硫化物转化为易溶硫酸盐,生物毒性增加。在黏土中添加 Cd 与 Zn 情况下,淹水 58 周后,可能存在 CdS。在同一土壤 Cd 含量相同的情况下,若水稻在全生育期淹水种植,即使土壤 Cd 含量 100mg/kg,糙米中 Cd 浓度大约为 1mg/kg(Cd 食品卫生标准为 0.2mg/kg);但若在幼穗形成前后此水稻落水搁田,糙米中 Cd 浓度大约为 5mg/kg。土壤中 Cd 溶出量下降与 Eh 下降同时发生,这就说明,在土壤淹水条件下,Cd 浓度的降低是因为生成 CdS 的缘故。

2.土壤中的配位反应

金属离子和电子供体结合而成的化合物,称为配位化合物。如果配位体与金属离子形成环状结构的配位化合物,则称为螯合物,它比简单的配合物具有更大的稳定性。在土壤这个复杂的体系中,配位反应广泛存在。

土壤中常见的无机配位体有 Cl^-、SO_4^{2-}、HCO_2 和 OH^-,以及特定土壤条件下存在的硫化物、磷酸盐和 F^- 等,它们均能取代水合金属离子中的配位分子和金属离子形成稳定的螯合物或配离子,从而改变金属离子(尤其是某些重金属离子)在土壤中的生物有效性。此外,土壤中能产生螯合作用的有机物很多,参与螯合作用的基团包括羟基、羧基、氨基、亚氨基和硫醚等。富含这些基团的有机质包括腐殖质、木质素、多糖类、蛋白质、单宁、有机酸和多酚等,最重要的是腐殖质,它不仅数量占优,形成的螯合物也稳定。

三、土壤生物学性质

(一)土壤酶特性

土壤酶指土壤中的聚积酶,包括游离酶、胞内酶和胞外酶。在土壤成分中,酶是最活跃的有机成分之一,驱动着土壤的代谢过程,对土壤圈中养分循环和污染物代谢有重要作用,土壤酶活性值的大小可以较灵敏地反应土壤中生化反应的强度和方向,是重要的土壤生物学性质之一。土壤中进行的各种生化反应,除受微生物本身活动影响外,实际是在各种酶参与下完成的。同时,土壤酶活性的大小还综合反映了土壤的理化性质和重金属的浓度。土壤酶主要来自微生物、植物根,也来自土壤动物和进入土壤的动植物残体。植物根与许多微生物一样能分泌胞外酶,并能刺激微生物分泌酶。在土壤中已发现的酶有 50~60 种,研究较多的有氧化还原酶、转化酶和水解酶等。

1. 土壤酶的存在形态

土壤酶较少游离在土壤溶液中,主要吸附在土壤有机质和矿质胶体上,并以复合物状态存在,土壤有机质吸附酶的能力大于矿物质,土壤微团聚体酶活性高于大团聚体,土壤细粒级部分比粗粒级部分吸附的酶多。酶与土壤有机质或黏粒结合,对酶的动力学性质有一定影响,但它也因此受到了保护,增强了它的稳定性,防止被蛋白酶或钝化剂降解。

酶是有机体代谢的动力,因此,酶在土壤中起重要作用,其活性大小及变化可作为土壤环境质量的生物学表征之一。土壤酶活性受多种土壤环境因素的影响。

2. 土壤理化性质与土壤酶活性

不同土壤中酶活性的差异,不仅取决于酶的含量,也与土壤质地、结构、水分、温度、pH、腐殖质、阳离子交换量、黏粒矿物及土壤中 N、P、K 含量等有关。土壤酶活性与土壤 pH 有一定相关性,如转化酶的最适 pH 为 4.5~5.0,在碱性土壤中受不同程度的抑制;而在碱性、中性和酸性土壤中均可检测出磷酸酶的活性,最适 pH 为 4.0~6.7 和 8.0~10.0;脲酶在中性土壤中活跃性最高;脱氢酶在碱性土壤中活跃性最高。土壤酶活性的稳定也受土壤有机质含量、组成及其有机无机复合胶体组成、特性的影响。此外,渍水条件可引起转化酶活性降低,但却能提高脱氢酶的活性。

3.根际土壤环境与土壤酶活性

由于植物根系释放根系分泌物于土壤中,使根际土壤酶活性发生较大变化,一般而言,根际土壤酶活性要比非根际土壤大。同时,不同植物的根系土壤中,酶活性也有很大差异。例如,在豆科植物根际土壤中,脲酶活性要比其他根际土壤高,三叶草根际土壤中蛋白酶、转化酶、磷酸酶及接触酶的活性均比小麦根际高。此外,土壤酶活性还与植物生长过程和季节变化有一定相关性,在作物生长最旺盛期,酶活性也最活跃。

4.外源污染物与土壤酶活性

许多重金属、有机化合污染物包括杀虫剂、杀菌剂等外源污染物均对土壤活性有抑制作用。重金属与土壤酶的关系主要取决于土壤有机质、黏粒含量及它们对土壤酶的保护容量和对重金属缓冲容量的大小。

(二)土壤微生物特性

微生物是土壤重要的组成部分,土壤中分布着数量众多的微生物。土壤微生物是土壤有机质、土壤养分转化和循环的动力。同时,土壤微生物对土壤污染具有特别的敏感性,它们是代谢降解农药等有机污染物和修复环境的先锋者。土壤微生物特性,特别是土壤生物多样性是土壤重要的生物学性质之一。

土壤微生物多样性包括种群多样性、营养类型多样性及呼吸类型多样性三个方面。以下仅就营养类型多样性和呼吸类型多样性予以说明。

1.土壤微生物营养类型多样性

根据微生物对营养和能量的要求,一般可将其分为化能有机营养型、化能无机营养型、光能有机营养型、光能无机营养型这四类。

化能有机营养型,又称化能异养型,所需的能量和碳源直接来自土壤有机质。土壤中大多数细菌和几乎全部真菌以及原生动物都属于此类,其中细菌又分为腐生和寄生两类。腐生型细菌能分解死亡的动植物残体并获得营养、能量而生长发育;寄生型细菌必须寄生在活的动植物体内,以获得蛋白质,离开寄主便不能生长繁殖。

化能无机营养型,又称化能自养型,无需现成的有机质,能直接利用空气中的二氧化碳和无机盐类。这类微生物的种类和数量并不多,但在土壤物质转化中起重要作用。根据它们氧化不同底物的能力,可分为亚硝酸细菌、硝酸细菌、硫氧化细菌、铁细菌和氢细菌五种主要类群。

光能有机营养型,又称光能异养型,所需要的能量来自光,但需要有机化合物作为供氢体以还原二氧化碳,并合成细胞物质。

光能无机营养型,又称光能自养型,可利用光能进行光合作用,以无机物作供氢体以还原二氧化碳合成细胞物质。藻类和大多数光合细菌都属于光能自养微生物。藻类以水做供氢体,光合细菌如绿硫细菌、紫硫细菌都以 H_2S 为供氢体。

上述营养类型的划分是相对的。在异养型和自养型之间,光能型和化能型之间都有中间类型存在,在土壤中均可找到,土壤具有适宜各类型微生物生长的环境条件。

2. 土壤微生物呼吸类型多样性

根据土壤微生物对氧气的需求不同,可分为好氧、厌氧和兼性三类。好氧微生物是指生活中必须有游离氧气的微生物。土壤中大多数细菌如芽孢杆菌、假单胞菌、根瘤菌、固氮菌、硝化细菌、硫化细菌以及霉菌、放线菌、藻类和原生动物都属于好氧微生物;在生活中不需要游离氧气依然能还原矿物质、有机质的微生物称厌氧微生物,如梭菌、产甲烷细菌和脱硫弧菌等;兼性微生物在有氧条件下进行有氧呼吸,在微氧环境下进行无氧呼吸,但在两种环境中呼吸产物不同,这类微生物对环境的适应能力较强,最典型的就是酵母菌和大肠埃希菌。同时,土壤中存在的反硝化假单胞菌、某些硝酸还原细菌和硫酸还原细菌是特殊型的兼性细菌。在有氧环境中,与其他好氧性细菌一样进行有氧呼吸。在微氧环境中,能将呼吸机制彻底氧化,以硝酸或硫酸中的氧作为受体,使硝酸还原为亚硝酸或分子氮,使硫酸转换为硫或硫化氢。

（三）土壤动物特性

土壤动物特性也是土壤生物学的特性之一。土壤动物特性包括土壤动物组成、个体数量或生物量、种类丰富度、群落均匀度和多样性指数等，是反映环境变化的生物学指标。

土壤动物作为生态系统物质循环的重要分解者，在生态系统中具有生物调节功能，一方面积极同化各种有用物质构造其自身，另一方面又将排泄物归还到环境中不断地改造环境。它们同环境因子间存在着相对稳定、密不可分的关系。因此，当前的研究多侧重于应用土壤动物进行土壤生态与环境质量方面的评价，如根据蚯蚓对重金属元素有很强的富集能力这一特性，蚯蚓已被普遍作为指示生物，将其应用到重金属污染及毒理学研究中。对于农药等有机污染物质的土壤动物监测、富集、转化和分解，探明有机污染物在土壤中快速消解途径及机理的研究，虽然刚刚起步，但备受关注。有些污染物的降解是几种土壤动物以及土壤微生物密切协同的结果，所以土壤动物对环境的保护和净化作用将会受到更多关注。

第三节　土壤微生物

一、土壤微生物种类

土壤中微生物种类繁多，下面主要阐述细菌、真菌和藻类。

（一）细菌

细菌属于原核微生物，自然界中细菌家族庞大，种类繁多，是降解有机污染物的主力军。细菌中有很多种类都可以对有机物进行降解。它包括真细菌、蓝细菌和古菌，即使是进行光合作用的颤蓝菌也有一定降解萘的能力。

（二）真菌

真菌是真核异养微生物，在实践中一般将它们分为酵母、霉菌和白腐菌三类。

（三）藻类

藻类是含有叶绿素并能产氧的光能自养菌，它主要生活在水中，利用 CO_2 合成有机物，但在黑暗时也可利用少量有机物。在自然界中，藻类和菌类共栖降解有机物，氧化塘就是人类利用这一特性降解有机物的很好例证。藻类可以降解多种酚类化合物，如苯酚、邻甲酚、1，2，3—苯三酚等。有萘存在的条件下，有 20 种不同的藻类培养物具有氧化降解萘的能力。

小球藻对偶氮染料中的大部分有一定脱色能力，藻类对偶氮染料的脱色程度与染料的化学结构有关。藻类在生物降解偶氮过程中，对 pH 值、光强度及温度均有较宽的适应范围。因此，在一定条件下，藻类能保证较高的降解偶氮染料的活性。

藻类的生物降解，一般要在水中和藻菌共生体系中彻底矿化，故在生物修复中应用尚不足。

二、土壤微生物生态功能

（一）微生物的降解作用

1. 基质代谢原理

异生素的代谢过程和其他化合物的代谢相似，包括以下过程：接近基质、对固体基质的吸附、分泌胞外酶、基质跨膜运输和细胞内代谢。通常采用的方法是用单一菌种在高浓度纯品下进行间歇式培养，但这种方法存在一定缺陷。

（1）接近基质

生物体要降解某种基质时必须先与之接近，接近就意味着微生物处于这种物质的可扩散范围内或微生物处于细胞外消化产物的扩散范围之内。因此,混合良好的液体环境(湖泊、河流、海洋)与基本不相混合的固体环境(土壤、沉积物)有很大差别,后者存在着被动扩散障碍。在土壤中,相差几厘米就会有很大的差别。

(2)对固体基质的吸附

吸附作用对于化合物代谢是必不可少的。纤维素消化需要物理附着,在沥青降解菌的分离过程中发现细菌和固体基质之间有着非常紧密地结合。

(3)分泌胞外酶

不溶性的多聚体,不论是天然的(如木质素)还是人工合成的(如塑料)都难降解,难于降解的原因之一是分子太大。微生物采取的办法就是分泌胞外酶将其水解成小分子的可溶性产物,但是由于胞外酶被吸附、胞外酶变性、胞外酶蛋白生物降解,以及产物被与之竞争的生物所利用等一些原因使胞外酶的活动不能奏效。

(4)基质跨膜运输

基质通常由特定的运输系统吸收到细胞内,在自然环境中尤其重要。在环境中基质浓度很低,通常只有微摩尔级,而微生物生理学家的研究经常在毫摩尔级。在低浓度下需要累积机制,而高浓度下则是不必要的,甚至是有害的。营养物质必须通过细胞膜才能进入细胞,细胞膜为磷脂双分子层,其中整合了蛋白质分子;细胞膜控制着营养物的进入和代谢产物的排出。一般认为,细胞膜以四种方式控制物质的运输,即单纯扩散、促进扩散、主动运输和基团转位,其中以主动运输为主要方式。

(5)细胞内代谢

一旦抗生素进入细胞,就可以通过周边代谢途径被降解。这类代谢通常是有诱导性的,并且有些是由质粒编码的。初始代谢产物通常汇集到少数中央代谢途径之中,如在芳香族化合物代谢中,通过β酮己二酸盐途径,产生的芳香化合物进入中央代谢途径。

基质生物降解,除去完全矿化或共代谢作用外,还有溢流代谢物产生,它们可以被其他生物作为代谢基质或作为共代谢基质利用。葡萄糖这样的基质在间歇式培养大肠杆菌的过程中,都会有乙酸盐暂时积累,像维生素这样难降解的物质更会有溢流代谢产物。

另外还会有终死产物、副反应产物和致死性代谢物产生。终止产物,如芳香化合物上的甲基氧化产物甲醇,会短暂地积累。副反应产物,如果可以被其他生物利用是有益的,但如不被利用就是有害的,如卤代酚由微生物氧化反应形成,有很强的生物积累潜力并且有毒。致死性代谢物典型的例子是氟代乙酸盐,它抑制三羧酸循环。这种致死性的后果可以通过突变作用避免产生,这样有机体不形成致死代谢物或可以抵抗致死代谢物,不幸的是,这样的突变将产生不能代谢的氟代盐有机体。

2.污染物生物降解动力学

在评价微生物系统降解有机物质的能力时,需要了解系统的动力学。所谓动力学是指标靶化合物的微生物降解速率。由于生物系统包含许多不同微生物,每种微生物又有不同的酶系,因此经常用总的速率来描述降解速率,这个常数一般在实验室模拟测定。

通过研究基质浓度与降解速率之间的关系,提出两类常用的经验模式。这两类模式是幂指数定律——不考虑微生物生长的基质降解模式;双曲线定律考虑微生物生长的基质降解模式。

(1)幂指数定律

在基质降解过程中,如果不考虑微生物生长这一因素,可以用幂指数定律来描述基质的降解速率与基质浓度的关系。

在单一的反应物转化为单一的生成物情况下,或在基质浓度很高的情况下可以考虑零级反应。

在基质浓度很低,又不了解系统动力学关系的情况下,可以假定=1,即一级反应关系。一级反应速率与基质浓度成正比。由于降解速率取决于基质浓度,而基质浓度又随时间变化,因此在一级反应中,基质浓度随时间的变化在普通坐标图上得不到像零级反应那样的线性结果。在半对数坐标图上,对浓度取对数会得到线性结果。

(二)共代谢作用

早在20世纪60年代的研究中,人们已经发现一株生长在一氯乙酸上的假单胞菌能够使三氯乙酸脱卤,但不能利用后者作为碳源生长。微生物的这种不能利用基质作为能源和组分元素的有机物转化称为共代谢。具体来讲,微生物不能从共代谢中受益,既不能从基质的氧化代谢中获取足够能量,又不能从基质分子所含的C、N、S或P中获得营养进行生物合成。在纯培养中,共代谢是微生物不受益的终死转化,产物为不能进一步代谢的终死产物。但在复杂的微生物群落,终死产物可能被另外的微生物种群代谢或利用。

1.共代谢基质与共代谢微生物

在进行共代谢转化时,可能会涉及单个酶,它们进行着羟基化、氧化、去硝基、去氨基、水解、酰化或醚键裂等作用。但更多的转化是复杂的,会涉及一系列酶系。

异养细菌和真菌进行的共代谢反应是多种多样的,仅甲基营养菌的甲烷单加氧酶就能够氧化烷烃、烯烃、仲醇、二(或三)氯甲烷、二烷基醚、环烷烃和芳香族等多种化合物。珊瑚状洛卡氏菌就可以代谢三(或四)甲基苯、二乙基苯、联苯、四氢化萘和二甲基萘并产生多种产物。

共代谢产生的有机产物不能转化为典型的细胞组分。在纯培养和自然环境下均有这样的实验证据。

实践中需特别注意的是,不能因为没有从环境中分离到降解菌就得出结论是共代谢。许多细菌不能在简单的培养基中生长,是因为没有氨基酸、维生素B和其他生长因子。假如在环境中能代谢实验化学品的微生物需要生长因子,而分离时没有加入生长因子,则分离不到降解菌株,就得出结论说这种化合物进行共代谢,显然这是个错误结论。

2.混合菌株作用

共代谢产物在培养液中积累,在自然界未必积累。产物在第二个菌株的作用下继续共代谢或完全矿化。混合菌株能使基质完全矿化,实际上是互补分解代谢,使得基质完全降解。菌株互不分解代谢途径的出现启发人们通过遗传工程技术构建能够矿化母体化合物的新菌株。

3.共代谢的原因

一种有机物可以被微生物转化为另一种有机物,但它们却不能被微生物所利用,原因有以下几个方面:

(1)缺少进一步降解的酶系

微生物第一个酶或酶系可将基质转化为产物,但该产物不能被这个微生物的其他酶系进一步转化,故代谢中间产物不能供生物合成和能量代谢作用,这是共代谢的主要原因。

在正常代谢过程中,a 酶参与 A→B 的转化,b 酶参与 B→C 的转化。如果第一个酶 a 底物专一性较低,它可以作用许多结构相似的底物,如 A′或 A″,产物分别为 B′或 B″。而 b 酶却不能作用于 B′或 B″使其转化为 C′或 C″,结果造成 B′或 B″的积累。简而言之,这种现象是由于最初酶系作用的底物较宽,后面酶系作用的底物较窄而不能识别前面酶系形成的产物造成的。

这种解释的最初证据来自除草剂 2,4−D 代谢的研究。2,4−D 首先转化为 2,4−二氯酚,但只有部分酶或很少的酶能进一步代谢 2,4−氯酚。当发生这种情况时,共代谢产物几乎全部积累,至少在纯培养时是这样。还有细菌将 3−氯苯甲酸转化为 4−氯二苯酚,98%的产物都是 4−氯二苯酚。

(2)中间产物的抑制作用

最初基质的转化产物抑制了在以后起矿化作用酶系的活性或抑制了该微生物的生长。例如,恶臭假单胞菌能代谢氯苯形成 3−氯二苯酚,但不能将后者降解,这是因为它抑制了进一步降解的酶系;恶臭假单胞菌可以将 4－乙基苯甲酸转化为 4－乙基二苯酚,而后者可以使以后代谢步骤必要的酶系失活。由于抑制酶的作用造成恶臭假单胞细菌不能在氯苯或 4－乙基苯甲酸上生长。又如假单胞杆菌可以在苯甲酸上生长而不能在 2－氟苯甲酸上生长,是由于后者转化后的含氟产物有高毒性的缘故。

(3)需要另外的基质

有些微生物需要第二种基质进行特定的反应,第二种基质可以提供当前细胞反应中不能充分供应的物质,如转化需要电子供体。有些第二种基质是诱导物,如一株铜绿假单胞菌要经过正庚烷诱导才能产生羟化酶系,使链烷羟基转化为相应的醇。

4.与共代谢相关的酶

在以上内容中,讨论到有些酶的专一性较差,可以作用于多种底物,这样导致了共代谢。现在列举作用于一系列底物的单一酶系。

(1)甲烷营养细菌的甲烷单加氧酶

甲烷营养细菌生长在甲烷、甲醇和甲酸中时,能够共代谢多种有机分子,包括一些主要污染物的分子,在这些反应中,甲烷单加氧酶起催化作用,发孢甲基弯曲菌可以转化氯代脂肪烃为反式和顺式 1,2－二氯乙烯、1,1－二氯乙烯、1,2－二氯丙烷和 1,3－二氯丙烯。

(2)甲苯双加氧酶

许多好氧细菌有甲苯双加氧酶,该酶可以使甲苯与 O_2 结合,但该酶专一性较低,可以降解 TCE,转化 2－硝基甲苯、3－硝基甲苯为对应的醇,使 4－硝基甲苯羟化。

(3)甲苯单加氧酶

一些好氧细菌有甲苯单加氧酶,能使 O_2 中的一个原子和甲苯结合形成邻甲苯。该酶可以使 TCE 共代谢,将 3－硝基甲苯、4－硝基甲苯转化为对应的苯甲醇、苄基醛,使其他芳香化合物加羟基。

(4)丙烷利用菌加氧酶

利用丙烷作为碳源和能源的好氧菌加氧酶的作用底物较宽。该酶共代谢 TCE、氯乙烯、1,1-二氯乙烯、顺-1,2-二氯乙烯和反-1,2-二氯乙烯。

(5)欧洲亚硝化单胞菌的氨单加氧酶

欧洲亚硝化单胞菌是化能自养菌,在自然界以 NH3 和 CO_2 为能源,其氨单加氧酶对下列化合物共代谢:TCE、1,1-二氯乙烯、二氯乙烷、四氯乙烷、氯仿、一氯乙烷、氟乙烷、溴乙烷和碘乙烷、各种单环芳烃、硫醚及氟甲烷和乙醚。

(6)卤素水解酶

卤素水解酶作用于简单的卤代脂肪酸,这种酶可以裂解乙酸、氯乙酸、碘乙酸、二氯乙酸、2-氯丙酸、2-氯丁酸,可以去除1-碘甲烷、1-碘乙烷、1-氯丁烷、1-溴丁烷、1-氯乙烷中的卤素转化为对应的正构醇,依不同的菌而定。

(7)脱卤酶

脱卤酶去除 CH_2Cl_2、CH_2BrCl、CH_2Br_2 和 CH_2I_2 中的卤素,作用于4-氯苯甲酸、4-溴苯甲酸、4-碘苯甲酸。

(8)二苯酚双加氧酶

二苯酚双加氧酶氧化二苯酚、3-和4-甲基二苯酚、3-氟二苯酚。

(9)苯甲酸羟化酶

苯甲酸羟化酶代谢苯甲酸、4-氨基苯甲酸、4-硝基苯甲酸、4-氯苯甲酸、4-甲基苯甲酸。

(10)磷酸酯酶

磷酸酯酶水解对硫磷、对氧磷、毒死蜱和杀螟硫磷。

5. 共代谢的环境意义

从某种意义上来说,共代谢只是微生物转化的一种特殊类型,它不仅有学术上的意义,在自然界也有相当重要的意义。对于环境污染物来说,它会造成不良的环境影响,原因如下:

(1)进行共代谢的微生物在环境中不会增加,物质转化速率很低,不像可以进行基质代谢的微生物随微生物繁殖而增加代谢率。

(2)共代谢使有机产物积累,产物是持久性的。由于在结构上和母体化合物差别不大,如果母体化合物是有毒的,其代谢产物也是有毒的。

一种化合物在同样的环境下,在某一浓度被共代谢,在另一浓度下则可以被矿化;或者一种化合物在同样的浓度下,在某一环境中被共代谢,在另一环境中则被矿化。这提示共代谢的有机产物只在某一浓度下或某一环境下积累。例如,农药苯胺灵在湖泊中含量为 10mg/L 时共代谢,0.4μg/L 时矿化;灭草隆在污水中浓度为 10mg/L 时可明显共代谢为 4—氯苯胺,10μg/L 时矿化;乙酯杀螨醇在湖水样品中共代谢,而在淡水沉积物微生物区系下矿化。因此,预测共代谢时要考虑浓度和环境。

对共代谢的动力学研究还不够重视。如果微生物群体不能生长也不下降,进行共代谢的基质浓度低于活动微生物的 Km 值,转化是一级反应。毒草胺在湖水或污水中的转化反应可以是一级或零级。在生物膜反应器中接种甲烷氧化细菌,TCE、1,1,1—三氯乙烷、顺—和反—1,2—二氯乙烯在浓度达到 1mg/L 是一级反应。然而在转化速率很低的环境中,用于生长的碳源可能正在殆尽,动力学反应类型可能随时改变。

由于共代谢作用使基质降解缓慢,所以提高降解速率的问题受到较大关注。向土壤或污水中添加多种有机化合物以促进 DDT、多种氯代芳香烃和氯代脂肪酸的共代谢速率,但这种添加结果是不可预测的。实验中添加的分子是随意选择的,它们有时可以刺激有时不能刺激共代谢。在刺激的情况下,使微生物生物量出现了意想不到的增加,刚好有些微生物可以共代谢这种化合物。

(三)微生物的激活作用

微生物对有机物的转化作用除去毒以外,还有激活作用。激活作用是指无害的前体物质形成有毒产物的过程。从这种意义上说,微生物群落也可以产生新的污染物。因为生物修复分解了靶标化合物未必就是消除了有害物质的危险性,所以需要密切监视废物生物修复系统中有机物分子降解的中间产物和最终产物及其毒性。

激活作用可以发生在微生物活跃的土壤、水、废水和其他任何环境中。产生的产物可能是短暂的,是矿化过程中的中间产物;也可能持续很长时间,甚至引起环境问题。激活作用的结果是生物合成致癌物、致畸物、致突变物、神经毒素、毒植物素、杀虫剂和杀菌剂。激活的产物有时会改变迁移性或更容易迁移,或不易迁移。

在鉴定激活产物以前,人们用生物测定的方法揭示杀虫剂在土壤中被激活的情况,即观察随时间的增加土壤中特定杀虫剂使敏感物种死亡率上升的情况。例如,杀虫剂线磷、毒壤磷和克百威加入土壤后毒性发生变化,杀虫剂甲拌磷、丰索磷、地虫硫磷和毒虫畏的毒性也会增加,还有毒植物素的形成。

(四)环境条件对微生物降解污染物的影响

环境中的物理、化学、生物因素会影响微生物的生命活动、种群类型、生物化学转化速率和生物降解产物等,进而影响微生物分解环境污染的行为和活力。

1.生物因子的影响

(1)协同

许多生物降解需要多种微生物共同作用,这种合作在最初的转化反应和以后的矿化作用中都可能存在。协同有不同类型,一种情况是单一菌种不能降解,混合以后可以降解;另一种情况是单一菌种都可以降解,但是混合以后降解的速率超过单个菌种的降解速率之和。

(2)捕食

在环境中会有大量的捕食、寄生微生物,还有裂解作用的微生物,这些微生物会影响细菌和真菌的生物降解作用。影响经常是有害的,但也可以是有益的。

在土壤、沉积物、地表水和地下水中发现的捕食和寄生微生物有原生动物、噬菌体、真菌病毒、分枝杆菌、集胞黏菌和能分泌分解细菌、真菌细胞壁酶的微生物,但是目前仅对原生动物了解得比较多。现在讨论一下捕食作用对生物降解的影响,原生动物是典型的以细菌为食的微生物,一个原生动物每天需要消耗103～104个细菌才能生长繁殖,因此环境中有大量原生动物时,细菌数目显著下降。原生动物还可以促进无机营养循环并分泌出必要的生长因子。

2. 非生物因子的影响

(1)理化因子

每个微生物菌株对影响生长和活动的生态因素(如温度、pH值、盐分等)均有耐受范围,有耐受上限和耐受下限。如果某一环境中有几种降解微生物,就比在同一环境中只有一种降解微生物的耐受范围宽,但如果环境条件超出所有定居微生物的耐受范围,降解作用就不会发生。

(2)营养源

①碳源

碳源对细菌和真菌的生长都很重要,在土壤中,通常含碳量很高,但是许多碳素以微生物不可利用或缓慢利用的络合形式存在,碳源经常成为微生物生长的限制因子。当有机污染物进入环境后,如果它的浓度比较高,有机污染物成为限制因子,但如果浓度较低碳源仍是限制因子。有时污染物浓度看起来很低,实际并非如此,这是由于环境中的污染物未均匀混合或者是以非水溶性液体的形式存在的。

由于共代谢有机化合物的细菌和真菌需要生长基质,所以向环境中添加有机物或单一化学品经常可以促进降解。加入联苯后可以促进多氯联苯的转化,因为多氯联苯和联苯的结构相似,属类似物共代谢。大部分共代谢物与添加的基质在结构上并不相似,但仍能促进共代谢,这可能是因为添加基质后增加了生物量。有时在加入有机质后会引起氧气耗竭,发生厌氧反应。

②氮和磷

N.P加入土壤后可以促进石油及各种烃类的生物降解并增加细菌

数量。例如,在施加含 N、P 无机盐后,会使土壤中菲的矿化并出现以下三种情况:立即见效;隔一段时间见效;不见效。第三种情况的出现可能是由于土壤中 N、P 浓度较高,足够微生物利用,或者是污染物本身含有 N、P。

生物降解速率随季节性温度的变化,但也会有其他原因。例如,随降雨量变化,降雨形成的地表径流携带土壤中大量的 N、P 进入水体,使湖泊和河水的 N、P 浓度随着雨量增加。

微生物生长需要的 N、P,1000g 有机碳矿化,如果 30% 的基质碳被同化,形成 300g 生物量碳,假设细胞的 C:N 和 C:P 分别为 10:1 和 50:1,那么就需要 30gN 和 6gP。这样简略的计算可以方便地预测基质全部分解所需要的氮、磷总量,但也可能无法预测可支持最大降解速率氮、磷的浓度。因此区分达到最大降解程度的最佳营养浓度和达到最高降解速率的最佳营养浓度是很必要的。

③生长因子

生长因子是微生物生长不可缺少的微量有机物,主要包括维生素、氨基酸和碱基等,它们是酶、核酸等的组成成分。根据微生物对生长因子需求的不同,可将微生物分为三类:生长因子自养型微生物,这类微生物可以自行合成生长因子以满足自身需要,因此不需要从外界摄入任何生长因子,如放线菌、大肠杆菌等;生长因子异养型微生物,这类微生物不能或合成生长因子的能力很弱,需要从外界吸收多种生长因子才能维持生长,如各种乳酸菌;生长因子过量合成的微生物,这类微生物在代谢活动中,能合成并分泌大量某些维生素,因此可作为有关维生素的生产菌种。

(3)多基质作用

实验室一般只研究单个有机质,但在自然环境或污染环境下经常是多种基质一起。例如,在自然环境中,多种合成有机物、各种天然产物与溶解态碳或腐殖质结合在一起,它们的浓度可以很高,高到使微生物中毒;也可以很低,低到不能支持微生物生长。多种微生物和多种化合物共同存在下的生物降解与一种微生物对一种化合物的生物降解有很大不同。

第四节　土壤动植物

一、土壤动物

土壤动物多为原生动物,主要是一些较小的土居性多细胞动物,包括线虫、蠕虫、蚯蚓、蜗牛、千足虫、蜈蚣、蚂蚁、螨、蜘蛛以及各种昆虫和环节动物。在土壤中,线虫是最常见的原生动物,每立方米可达几百万个,许多线虫寄生于高等植物和动物体;土壤中主要的无脊椎动物是蚯蚓,能分解枯枝落叶和有机质;蚂蚁和白蚁可破碎落叶并转移进入深层土壤;千足虫等足目动物以及弹尾动物可以参与枯枝落叶的破碎过程。在土壤中,后生动物对植物残体的破碎作用有利于原生动物的取食和微生物的进一步分解。

二、土壤植物

植物对污染土壤的治理是通过其自身的新陈代谢活动来实现的,在修复植物新陈代谢过程中始终伴有对污染物质的吸收、排泄和累积。

(一)植物吸收

植物为了维持正常的生命活动,必须不断地从周围环境中吸收水分和营养物质。植物体的各个部位都具有一定吸收水分和营养物质的能力,其中根是最主要的吸收器官,能够从生长介质土壤或水体中吸收水分和矿质元素。植物对土壤或水体中污染物质的吸收具有广泛性,这是因为植物在吸收营养物质的过程中,除了少数几种元素表现出选择吸收外,对大多数物质并没有绝对严格的选择性,对不同元素来说只是吸收能力大小不同而已。植物对污染物质的吸收能力除了受本身遗传机制的影响外,还与土壤理化性质、根际圈微生物组成、污染物质在土壤溶液中浓度大小等因素有关。植物通过适应性调节后,对污染物产生耐性,吸收污染物质。植物虽能生长,但根、茎、叶等器官以及各种细胞器受到不同程度的伤害,生物量下降,这种情形可能是植物对污染物被动吸收的结果。二是"避"作用,这可能是当根际圈内污染物浓度低时,根依靠自身的调节功能完成自我保护,也可能无论根际圈内污染物浓度有多高,植物本身就具有这种"避"机制,可以免受污染物的伤害,但这种可能很小。第三种情形是植物能够在土壤污染物含量很高的情况下正常生长,完成生活史,而且生物量不下降,如重金属超积累植物和某些耐旱植物。

(二)植物排泄

植物也像动物一样需要不断地向外排泄体内多余的物质和代谢废物,这些物质的排泄常常是以分泌物或以挥发形式进行的。所以在植物界,排泄与分泌、挥发的界限一般很难分清。分泌是细胞将某些物质从原生质体分离或将原生质体一部分分开的现象。分泌的器官主要是植物根系,还有茎、叶表面的分泌腺。分泌的物质主要有糖类、植物碱、单宁、树脂、酶和激素等有机化合物,以及一些不再参加细胞代谢活动的物质,即排泄物。挥发性物质除了通过分泌器官排出植物体以外,主要随水分的蒸腾作用从气孔和角质层中间的孔隙扩散到大气中。植物排泄的途径通常有以下两条:一是经过根吸收后,再经叶片或茎等地上器官排出去。如某些植物将羟基卤素、汞、硒从土壤溶液中吸收后,将其从叶片中挥发出去。高粱叶鞘可以分泌一些类似蜡质物质,将毒素排泄出体外。另一条途径是经叶片吸收后,通过根分泌排泄,如1,2-二溴乙烷通过烟草和萝卜叶片吸收,迅速将其从根排泄。植物根从土壤或水体吸收污染物后,经体内运输转移会含到各个器官中去,当这些污染物质含量超过一定的临界值后,就会对植物组织、器官产生毒害作用,进而抑制植物生长甚至导致其死亡。在这种情况下,植物为了生存,也常会分泌一些激素来促使积累污染物的器官如老叶加快衰老而脱落,重新长出新叶,进而排出体内有害物质,这种"去旧生新"的方式也是植物排泄污染物质的一条途径。

(三)植物累积

进入植物体内的污染物质虽然可经生物转化成为代谢产物排出体外,但大部分污染物长期存留在植物的组织或器官中,在一定时期内不断积累增多而形成富集现象,还可在某些植物体内形成超富集,这是植物修复的基础理论之一。通常用富集系数(bioaccumulation fac—tor,BCF)来表征植物对某种元素或化合物的积累能力。

富集系数越大,表示植物积累该种元素的能力越强。同样,位移系数越大,说明植物由根部向地上部分运输重金属元素或化合物的能力越强。不同植物对同一种污染物质积累能力不同;同一种植物对不同污染物质积累能力不同;同一种植物的不同器官对同一种污染物质的积累能力也不同,而且积累部位表现出不均一性。富集系数可以是几倍乃至几万倍,但富集系数并非可以无限增大。当植物吸收和排泄的过程呈动态平衡时,植物虽然仍以某种微弱的速度吸收污染物质,但体内的积累已不再增加,而是达到了一个极限值,叫临界含量,此时的富集系数称为平衡富集系数。

(四)植物吸收、排泄和积累间的关系

植物对污染物质的吸收、排泄和积累始终是一个动态过程,在植物生长的某个时期可能会达到某种平衡状态,随后因一些影响条件的改变而打破,并随植物生育时期的进展再不断建立新的平衡,直到植物体内污染物质含量达到最大量即临界值,即吸收达到饱和状态时,植物对污染物质的积累才不再增加。

影响植物吸收、排泄和积累的因素很多,如土壤、水分、光照以及植物本身等。其中植物根系与根际圈污染物质间的相互作用是较为重要的影响因素。这是因为植物根系只能吸收根际圈内溶解于水溶液的元素。它们以有机化合物、无机化合物或有机金属化合物的形式存在于土壤中。根据植物根对土壤污染物吸收的难易程度,可将土壤污染物大致分为可

吸附态、交换态和难吸收态三种。土壤溶液中的污染物如游离离子及螯合离子易被植物根所吸收,为可吸收态;残渣态等难为植物吸收的为吸收态;而介于两者之间的便是交换态,主要包括被黏土和腐殖质吸附的污染物。可吸收态、交换态和吸收态污染物之间经常处于动态平衡,可溶态部分的重金属一旦被植物吸收而减少时,便通过交换态部分来补充,当可吸收态部分因外界输入而增多时,则促使交换态向难吸收态部分转化,这三种形态在某一时刻可达到某种平衡,但随着环境条件的改变而不断发生变化。

三、影响植物修复的环境因子

影响植物修复的环境因子包括 pH、Eh、共存物质、污染物的交互作用、生物因子等。以下以重金属污染的植物修复为例,阐述影响植物修复的环境因子。

(一)酸碱度

pH 是影响土壤重金属活动的一个重要因素。pH 对重金属化合物的溶解与沉淀平衡影响较复杂,土壤中绝大多数重金属是以难溶态存在的,可溶性受 pH 限制,即土壤重金属随着 pH 增加而发生沉淀,进而影响植物的吸收。

土壤溶液 pH 降低,大多数重金属元素在土壤固相的吸附量降低,重金属元素的离子活度升高,易于被生物利用。如果用不同 pH 处理受 Zn、Cd 污染的花园和山地土壤,超富集植物 T. caerulescens 吸收 Zn、Cd 量的大小随土壤 pH 下降而增加。当土壤溶液 pH 由 6.6 降至 3.9 时,溶液中的有机 Cu 由 99% 降低至 30%,极大地增加了 Cu^{2+} 的活度。但有些元素则相反,如 As 在土壤中以阴离子形式存在,提高 pH 将使土壤颗粒表面的负电荷增多,从而减弱 As 在土壤颗粒上的吸附,增大了土壤溶液中 As 的含量,植物对 As 的吸收增加。需要说明的是,土壤溶液 pH 对重金属的植物性影响可能不是单一的递增或递减关系。

(二)氧化还原电位(Eh)

重金属在不同的氧化还原状态下,有不同的形态。硫化物是重金属难溶化合物的主要形态。随着 Eh 的降低,硫化物大量形成,土壤溶液中的重金属离子就减少。在含砷量相同的土壤中,水稻易受害,而其对旱地作物几乎未产生毒害。这是因为在流水条件下易形成还原态的三价砷,而旱地常以氧化态的五价砷存在,三价砷的毒害比五价砷高。

(三)共存物质

1.络合-螯合剂

络合-螯合剂首先与土壤溶液中的可溶性金属离子结合,防止金属沉淀或吸附在土壤上。随着自由离子的减少,被吸附态或结合态的金属离子开始溶解,以补偿平衡的移动。在含 2500mg/kg Pb 的污染土壤上种植玉米、豌豆,加入 EDTA 后,植物地上部分 Pb 的浓度从 500mg/kg 提高到 10000mg/kg。EDTA 能极大提高 Pb 从根系到地上部的运输能力,加入 1.0g/kg EDTA 至土壤,24h 后玉米木质部中 Pb 浓度是对照的 100 倍,从根系到地上部分的运输转化是对照的 120 倍。

2.表面活性剂

研究发现表面活性剂对土壤中微量重金属阳离子具有增溶作用和增塑作用。用五种表面活性剂修复铬污染土壤,发现静态吸附中,单独使用阴离子型 Dowfax800 对六价铬的浸提率比对照水的浸提率高 2.0～2.5 倍;当与螯合剂二苯卡巴肼复合使用时,其浸提率比水浸提高 9.3～12.0 倍,比单独使用 Dowfax800 高 3.5～5.7 倍。被动淋洗过程中,Dowfax800 与螯合剂二苯卡巴肼复合使用,六价铬比去离子水高 2.13 倍。使用阴离子型 SDS、阳离子型 CTAB、非离子型 TX100 等三种表面活性剂以及 EDTA 和 DPC(二苯基硫卡巴腙)等两种螯合剂修复 Cd、Pb、Zn 污染土壤,发现 SDS、TX100 能显著促进重金属的解吸,而 CTAB 则相反。氟表面活性剂浓度低于 CMC 临界胶束浓度时,其对重金属的去除率随浓度的增加而线性增加;超过 CMC 临界胶束浓度时则保持相对稳定。

(四)污染物间的复合效应

在现实环境中,单种污染物对环境的孤立影响比较少见,在大多情况下,往往是多种污染物对环境产生复合污染。

如锌能拮抗凤眼莲对镉的吸收。未加锌时,用 1.0mg/L 和 5.0mg/L 镉处理 30d,凤眼莲含镉量分别为 459.5mg/kg 和 1760.5mg/kg;当加入 1.0mg/L 锌后,凤眼莲的含镉量分别下降到 209.1mg/kg 和 191mg/kg。同时,镉也能抑制植物对锌的吸收。对水稻的研究结果表明,在锌、镉共存时,植株中的锌含量减少而镉明显增加;缺锌时镉的吸收量增加,但缺锌时施加镉可使植株中的锌含量增加。

(五)植物营养物质

养分是影响植物吸收重金属的要素,有些已成为调控植物重金属毒性的途径与措施。由于磷肥大多含有 Cd,施用磷肥能够增加植物体内 Cd 的含量。但完全不含 Cd 的硝酸铵也能增加小麦对 Cd 的吸收,其实这是氮肥促进植物生长,而且 NH^+ 进入土壤后将发生硝化作用,短期内可使土壤 pH 值明显下降,增加了 Cd 的生物有效性,更重要的是 NH^+ 还能与 Cd 形成络合物而降低土壤对 Cd 的吸附。改变土壤腐殖质的构成也可强化植物对重金属的吸收。重金属非常容易与土壤中有机质形成有机螯合物,一般情况下,水溶性有机物和重金属形成络合物,可增加重金属的移动性和植物利用性。

(六)植物激素

植物激素是在植物体内合成的、对植物生长发育产生明显调节作用的微量生理活性物质。在土壤 Ni、Cd 污染条件下,向玉米幼苗喷施植物激素类除草剂 2,4-D,发现低剂量除草剂使植物体内 Ni、Cd 含量较单独施用 Ni、Cd 分别增加 22.2% 和 26.1%,高剂量则分别增加 68.27% 和 17.1%,即植物激素类除草剂强化了植物对重金属的吸收。

（七）生物因子

菌根真菌作为直接连接植物根系与土壤的微生物,能改变植物对重金属的吸收与转移。在施用污泥的土壤中,接种菌根能显著促进植物生长、菌根数量与质量,提高植物体内的 Zn、Mn、Ni、Cu、Ni、Cd、Pb 等含量,降低土壤的重金属浓度;而且研究发现菌根化幼苗中 Cu、Zn 浓度增加,而非菌根化幼苗中较低。当 1mg/kg、10mg/kg、100mg/kg Cd 加入土壤中时,菌根化植物吸收 Cd 的量比非菌根化植物分别高 90%、127% 和 131%。很明显,菌根化植物对重金属有很强的吸收能力。

第二章　植物对土壤污染的耐性与可塑性

植物体是一个开放体系,生存于自然环境,植物的生长与生理生态指标密切相关,不同植物生长的环境也有差别。在复杂多变的环境中,为了适应环境有规律或无规律的变化(包括抗逆境的变化),植物利用自身具有的多种生理生态指标系统调节并适应其生长环境。信息传递和信号传导是植物适应环境变化的重要环节,植物体通过环境变化的感知,将信息传递至相应器官或组织上,进而调节植物体内生理生化指标,提高对环境(特别是不良环境)的生理适应和抵御机制。

第一节　植物的耐性指标分析

一、对植物种子萌发的影响

环境胁迫对植物生长发育的各个阶段,如种子萌发、幼苗生长、成株生长等都有着不同程度的影响。不同种类的植物受其影响的程度也各不相同。测定特定土壤条件下植株种子萌发、植株外伤症状以及植物株高、根长、茎叶鲜重、根鲜重、茎叶干重和根干重等生长指标,可以直观地显示土壤胁迫条件对植物生长的影响情况。下面以多年生黑麦草为研究对象,通过在特定土壤条件下种子萌发实验操作的描述,为研究特定土壤条件下的植物种子萌发研究提供示例。

（一）仪器、设备及材料

1. 仪器与设备

培养皿、滤纸、电热恒温箱、电子天平、大烧杯、容量瓶、移液管、毫米刻度尺、玻璃棒、镊子等。

2. 材料

(1)种子的准备

健康、粒大、饱满的多年生黑麦草种子。

(2)土壤浸提液的制备

将采集的土壤样品风干研磨粉碎,过 2mm 筛后充分混匀备用。按质量：体积＝1∶1.5 取处理好的土壤浸于蒸馏水中,浸泡 24h 后振荡12h,静置 12h,经双层滤纸过滤后,制备成 1∶1.5 的土壤水浸液原液,低温保存备用。

(二)方法与步骤

1. 预处理

(1)种子的预处理

在 0.3％高锰酸钾溶液中浸泡 10min,用自来水冲洗 3～5 次,再用无菌水(或蒸馏水)冲洗 3～5 次,滤纸吸干表层水后备用。

(2)器皿准备

取培养皿数只,分别按处理类型贴好标签。在每个培养皿中放置 2层滤纸,并用少量处理液(土壤浸提液)浸润。

2. 种子的培养

挑选籽粒大小相当的种子播于铺有两层滤纸的培养皿(发芽床)内,每个处理按同心圆形式,放置 50 粒种子,再分别加入制备的适量的土壤浸提液,并用蒸馏水代替土壤浸提液作为对照(CK)。实验设置 3 个重复。然后将培养皿置于恒温箱中,在 25℃无光条件下培养 14d。培养期间,每天用对应的土壤浸提液处理一次以保持一定湿度。加浸提液时最好用滴管滴入或用小喷雾器喷入,防止加水过猛,冲乱种子。如果在发芽床内有 5％以上的种子发霉,则应进行消毒或更换新床。

3. 实验记录

在种子处理后第 3 天开始,逐日观察记录正常萌发种子数、不萌发种子数及腐烂种子数。每次观察后将正常发芽种子和腐烂种子取出弃掉。

4. 结果计算

(1)发芽率、发芽势和发芽指数的计算

种子发芽实验结束后,要根据检查和记录结果计算种子的发芽率和发芽势。发芽率是决定种子品质和种子实际用价的依据,发芽势是判别种子质量优劣、出苗整齐与否的重要标志,也与幼苗强弱和产量有密切的关系。发芽势高的种子,出苗迅速,整齐健壮。

(2)生长指标的测定

种子萌发过程中的生长指标主要包括芽长、总长、芽重和总重等。发芽 3d 后,用镊子轻轻将其取出,用滤纸吸干后,再用刻度尺分别测量芽长和总长;之后,测其全重和芽重。

二、植物生长指标的测定

(一)仪器、设备及材料

1. 仪器与设备

电热恒温箱、电子天平、根系扫描仪、培养皿、烧杯、容量瓶、移液管、毫米刻度尺、玻璃棒、镊子、滤纸。

2. 材料

对照与逆境胁迫下生长的植株。

(二)方法与步骤

1. 植物外伤症状

采用目测估计的方法,将植株的外伤症状分为四个等级:正常生长(无伤害),目测不到伤害症状;轻度伤害,仅中心部位失绿;中度伤害,叶片中心部位及外围出现不同程度失绿;重度伤害,植株矮小,叶片失绿。

2. 生长指标的测定

取出待测植物整株,用自来水冲洗,洗净附着在根系表面的土壤,再用蒸馏水清洗 1~2 遍,吸水纸吸干后,用刻度尺分别测量株高,再用电子天平分别称其地上部分和根鲜重。

采用根系扫描仪,进行扫描拍照,并用 WinRHIZOPro Vision5.0 分析软件分析获得的根系长度、根系面积、根系体积、根系直径等根系指标。

将植物样品的根和茎叶分开,105℃杀青半小时,75℃过夜,烘干至恒重,测定其干重。

三、植物常见生理生化指标的测定

(一)组织细胞膜透性的测定

逆境胁迫情况下,植物细胞原生质体膜结构会受到不同程度的损伤,膜的透性增加,细胞内部电解质外渗。膜结构的破坏程度和逆境胁迫程度呈正相关。本实验以重金属胁迫下的植物幼苗为例,采用电导法测定电解质的相对外渗率,以了解重金属胁迫(逆境胁迫)对植物幼苗的伤害情况。电解质的相对外渗率用相对电导率表示。

1. 仪器、设备及材料

仪器设备:DDS-12 型电导仪、100mL 锥形瓶、振荡器。

材料:对照与逆境胁迫下生长的植株。

2. 方法与步骤

(1)分别摘取对照和逆境胁迫的植物叶片数片,将同一处理的叶片放在一起,洗净擦干。

(2)各称取植物叶片 0.5g,剪成 1cm 长小段,加入装有 20mL 双蒸水的锥形瓶中,在电动振荡器上振荡(速度为 40～60 次/min)30min。以双蒸水为对照。

(3)用 DDS-12 型电导仪测定各锥形瓶中液体的电导率($\mu S/cm$)。

(二)植物组织丙二醛含量的测定

植物在逆境或衰老条件下,会发生膜脂的过氧化作用。丙二醛(MDA)是膜脂过氧化产物之一,其含量高低可以表示膜脂过氧化强度和膜系统的伤害程度。

植物组织受逆境胁迫或衰老总是伴随着细胞内膜结构的破坏,表现为细胞内的电解质大量渗漏出来。有很多研究表明,细胞在逆境过程中膜的破坏是由细胞(特别是线粒体或叶绿体)中产生的超氧物自由基(O_2^-·,OH·)诱导膜质中的不饱和脂肪酸发生膜脂过氧化作用而造成的。膜脂过氧化作用中产生膜脂自由基,它不仅能连续诱发膜脂的过氧化作用,而且又可使蛋白质脱 H 而产生蛋白质自由基,使蛋白质分子发生链式聚合,从而使细胞变性,最终导致细胞损伤或死亡。

丙二醛(MDA)是膜脂过氧化产物之一,可与硫代巴比妥酸反应,形成红棕色的产物,该产物在 532nm 处有一吸收高峰。根据其在 532nm 处的吸光系数可计算出细胞内丙二醛的含量。丙二醛含量的多少可代表膜损伤程度的大小。醛、单糖对此反应有干扰,溶液的 pH 和温度对反应也有影响。

1. 仪器、设备及材料

仪器设备:研钵、剪刀、水浴锅、721 型分光光度计、试管。

材料:对照与逆境胁迫下的植株。

试剂:0.5%硫代巴比妥酸(溶于 20%三氯醋酸中)溶液。

2. 方法与步骤

(1)分别摘取对照和逆境胁迫的植物叶片数片,将同一处理的叶片放在一起,洗净擦干,剪成 0.5cm 长的小段。

(2)称取各处理的叶片切段各 0.3g,分别放入研钵中,加少许石英砂和 2mL 蒸馏水,研磨成匀浆。将匀浆转移到试管中,再用 3mL 蒸馏水分两次冲洗研钵,合并提取液。每一处理的材料合作 3 个重复实验样品。

(3)在提取液中加入 5mL0.5%硫代巴比妥酸溶液,摇匀。

(4)将试管放入沸水浴中煮沸 10min(自试管内溶液中出现小气泡开始计时),到时间后,立即将试管取出并放入冷水浴中。

(5)待试管内溶液冷却后,3000r/min 离心 15min,取上清液并量其体积。以 0.5%硫代巴比妥酸溶液为空白测 532nm 和 600nm 处的吸光度。

(三)植物叶片叶绿素含量的测定

叶绿素 a、b 的丙酮溶液在可见光波长范围内的最大吸收峰分别位于663nm 和 645nm 处,同时在该波长时叶绿素 a、b 的比吸收系数是已知的,根据朗伯－比尔定律可得出叶绿素 a、b 的浓度（μg/mL）与它们在645nm 和 663nm 处的吸光度（A）的相关性。

1. 仪器、设备及材料

仪器设备:剪刀、电子天平、研钵、移液管、721 型分光光度计。

材料:对照和逆境胁迫下的植株。

试剂:80％丙酮;$CaCO_3$（固体）。

2. 方法与步骤

(1)提取叶绿素

选取对照和逆境胁迫的植物叶片,洗净擦干,去叶柄及中脉剪碎混匀后,称取 0.5g 叶片置于研钵中,加 2mL80％丙酮和少许 $CaCO_3$,研磨成匀浆,再加入 5mL80％丙酮,继续研磨至组织发白。

转移到 25mL 棕色容量瓶中,用少量 80％丙酮冲洗研钵、研棒及残渣数次,连同残渣一起倒入容量瓶中。最后用 80％丙酮定容至 25mL,摇匀,离心或过滤。

(2)测定吸光度

将上述色素提取液倒入直径 1cm 的比色杯中。以 80％丙酮为空白,在波长 663nm、645nm、652nm 和 440nm 下测定光密度。

3. 结果计算

将测得的光密度值代入公式,分别计算叶绿素 a、b、a＋b 和类胡萝卜素的浓度（mg/L）,并按下式计算组织中单位鲜重或干重的各色素的含量。

4. 注意事项

(1)为了避免叶绿素光分解,操作时应在弱光下进行,研磨时间应尽量短些。

(2)叶绿素色素提取液不能混浊。

(四)植物叶片蛋白质含量的测定

考马斯亮蓝 G—250 在游离状态下呈红色,与蛋白质结合呈现蓝色。在一定范围内(1～1000μg),染料与蛋白质复合物在 595nm 波长下的吸光度与蛋白质含量成正比。考马斯亮蓝 G—250 与蛋白质的结合在 2min 达到平衡,复合物的颜色在 1h 内稳定。考马斯亮蓝法测定蛋白质含量,操作简便快捷,灵敏度比 Folin—酚法还高 4 倍,重现性好,是一种常用的定量测定蛋白质的方法。但大量的去污剂会干扰该测定。

1. 仪器、设备及材料

仪器设备:电子天平、分光光度计、离心机、具塞试管、刻度试管。材料:对照和逆境胁迫下的植株。

试剂:①考马斯亮蓝 G—250:称取 100mg 考马斯亮蓝 G—250,溶解于 50mL 95%乙醇中,加入 100mL 85%的磷酸,用水定容至 1000mL,过滤。此试剂常温下可保存 30d。②标准蛋白质溶液:精确称取结晶牛血清白蛋白 100mg,加水溶解并定容至 100mL,即为 1000μg/mg 的标准蛋白质溶液。③磷酸缓冲液,pH=7。

2. 方法与步骤

(1)标准曲线的制作

取 6 支具塞试管,按表 5—1 加入试剂,配制 0～1000μg/mL 的牛血清白蛋白溶液各 1mL。

准确吸取所配各管溶液 0.1mL,分别放入 10mL 具塞试管中,再加入 5mL 考马斯亮蓝 G—250,盖上塞子,摇匀。放置 5min 后在 595nm 波长下比色测定,1h 完成比色。以牛血清白蛋白含量为横坐标,以吸光度为纵坐标绘制标准曲线。

(2)样品中蛋白质含量的测定

准确称取植物叶片 200mg,放入研钵,加 5mL 磷酸缓冲液(pH=7.0),在冰浴中研成匀浆。4000r/min 离心 10min,合并上清液,定容至刻度。

另取一支具塞试管,准确加入 0.1mL 样品提取液,加入蒸馏水 0.9mL 和 5mL 考马斯亮蓝 G—250 试剂,其余操作与标准曲线制作相同。

（五）植物体内游离脯氨酸含量的测定

脯氨酸是水溶性最大的氨基酸,具有很强的水合能力,其水溶液具有很高的水势。脯氨酸的疏水端可和蛋白质结合,亲水端可与水分子结合,蛋白质可借助脯氨酸束缚更多的水,从而防止渗透胁迫条件下蛋白质的脱水变性。因此,脯氨酸在植物的渗透调节中起重要作用,而且即使在含水量很低的细胞内,脯氨酸溶液仍能提供足够的自由水,以维持正常的生命活动。正常情况下,植物体内脯氨酸含量并不高,但遭受水分、盐分等胁迫时体内的脯氨酸含量往往增加,它在一定程度上反映植物受环境水分和盐度胁迫的情况,以及植物对水分和盐分胁迫的忍耐及抵抗能力。

植物体内脯氨酸的含量可用酸性茚三酮法测定。在酸性条件下,脯氨酸和茚三酮反应生成稳定的有色产物,该产物在 520nm 有最大吸收峰,其色度与含量正相关,可用分光光度法测定。该反应具有较强的专一性,酸性和中性氨基酸不能与酸性茚三酮试剂形成有色产物,碱性氨基酸对这一反应有干扰,但加入人造沸石,在 pH＝1～7 范围内振荡溶液可除去这些干扰的氨基酸(如甘氨酸、谷氨酸、天冬氨酸、苯丙氨酸、精氨酸等2－氨基的氨基酸)。

1.仪器、设备及材料

（1）仪器和设备

电子天平、分光光度计、水浴锅、烘箱、具塞试管、烧杯、研钵、漏斗等。

（2）材料和试剂

①3％磺基水杨酸。

②冰醋酸。

③甲苯。

④酸性茚三酮试剂:称取 2.5g 茚三酮,加入 60mL 冰醋酸和40mL6mol/L 磷酸,于 70℃加热溶解,冷却后储于棕色试剂瓶中,4℃下保存。

⑤脯氨酸标准母液:称取 5mg 脯氨酸溶于少量 80％乙醇中,再用蒸馏水定容至 50mL,制成 $100\mu g/L$ 母液。

⑥人造沸石、活性炭、石英砂等。

2. 方法与步骤

(1)标准曲线的制作

吸取脯氨酸标准母液 0mL、0.5mL、1.25mL、2.5mL、5.0mL、7.5mL、10.0mL 分别加入 50mL 容量瓶中,分别加入蒸馏水定容至 50mL,配成 0.0μg/mL、1.0μg/mL、2.5μg/mL、5.0μg/mL、10.0μg/mL、15.0μg/mL、20.0μg/mL 的系列浓度。分别取标准溶液各 2mL,均加入 2mL 冰醋酸、2mL 3‰磺基水杨酸、2mL 冰醋酸和 4mL 酸性茚三酮试剂,沸水浴中加热显色 60min,冷却后加入 4mL 甲苯萃取红色物质。静置后取甲苯相,测定在 520nm 处的光密度值,将测定结果以脯氨酸浓度为横坐标,以光密度值为纵坐标制作标准曲线。

(2)样品中脯氨酸的提取与测定

①提取脯氨酸

分别称取新鲜植物叶片 0.1～0.5g(根据植物材料中的脯氨酸含量高低,确定样品用量),剪碎,加入适量 3‰磺基水杨酸、少量石英砂,于研钵中研磨成匀浆。匀浆液全部转移至 10mL 刻度试管中,用 3‰磺基水杨酸洗涤研钵,将洗液移入相应的刻度试管中,最后用 3‰磺基水杨酸定容至刻度,混匀。将匀浆液转入玻璃离心管中,在沸水浴中提取 10min。冷却后,以 3000r/min 离心 10min,取上清液待测。

②脯氨酸含量的测定

吸取上述提取液 2mL 于刻度试管中,加入 2mL 冰醋酸、2mL 3‰磺基水杨酸、2mL 冰醋酸和 4mL 酸性茚三酮试剂,沸水浴中加热显色 60min,冷却后加入 4mL 甲苯萃取红色物质。静置后取甲苯相,测定在 520nm 处的光密度值,从标准曲线上查出每毫升被测样品中脯氨酸的含量。

3. 结果计算

样品中脯氨酸含量用 μg/g FW 或 μg/g DW 表示,FW 指鲜重(fresh weight),DW 指干重(dry weight)。

4.注意事项

(1)配置的酸性茚三酮试剂仅在24h内稳定,最好现配现用。同时茚三酮试剂的用量也与样品中脯氨酸的含量相关,样品脯氨酸含量在10μg/mL以下时,显色液中茚三酮的浓度需要达到10mg/mL才能保证脯氨酸充分显色。

(2)由于样品中其他氨基酸会对监测产生干扰,测定时,向提取液中加入1勺人造沸石和少许活性炭,强烈振荡5min,过滤,以除去干扰的氨基酸。

(3)本方法也适用于干样品中的脯氨酸含量测定。

(六)植物组织可溶性糖含量的测定

糖为自然界分布最广、含量最多的有机化合物,它是许多粮食作物和糖用植物的重要组成部分。蒽酮比色法是测定可溶性糖含量的方法之一。糖在硫酸作用下生成糠醛,糠醛再与蒽酮作用形成绿色络合物,颜色的深浅与糖含量有关,在652nm波长下的吸光度与糖含量成正比。

1.仪器、设备及材料

(1)仪器和设备

电子天平、分光光度计、恒温水浴锅、烘箱、离心机、刻度试管。

(2)材料和试剂

①80%乙醇。

②葡萄糖标准液:称取已在80℃烘箱中烘至恒重的葡萄糖100mg,配制成500mL溶液,即得每毫升含糖为200μg的标准液。

③蒽酮试剂:100mg蒽酮溶于100mL稀硫酸(76mL浓硫酸加水至100mL)。

④活性炭。

2.方法与步骤

(1)标准曲线绘制

取标准糖溶液将其稀释成一系列0~100μg/mL的不同浓度的溶液1mL,加入5mL蒽酮试剂混合,沸水浴10min,取出冷却。在652nm处测定吸光度,然后绘制标准曲线。

(2)样品中可溶性糖的提取及测定

①可溶性糖的提取

植物叶片在110℃烘箱中烘15min,然后调至70℃过夜。磨碎干叶片后称取0.05~0.5g样品,倒入10mL刻度离心管内,加入4mL80%乙醇,置于80℃水浴中30min,其间不断震摇,离心,收集上清液,其残渣加80%乙醇重复提2次,合并上清液。在上清液中加入少许活性炭,80℃脱色30min,用水定容至10mL,过滤后取滤液测定。

②显色及比色

吸取上述滤液1mL,加入5mL蒽酮试剂混合,沸水浴10min,取出冷却。在652nm处测定吸光度。

从标准曲线上得到提取液中糖的含量。

3. 注意事项

(1)定容时加入水定容。

(2)由于蒽酮试剂与糖反应的显色强度随时间变化,故必须在反应后立即在同一时间比色。

(七)超氧阴离子自由基含量的测定

细胞内参与酶促或非酶促反应的氧分子,当它只接受一个电子时就会转变为超氧阴离子自由基(O^{2-} ·)。O^{2-} · 一方面会与体内的蛋白质和核酸等活性物质直接作用,又能转化为H_2O_2、羟自由基(· OH)、单线态氧(· O_2)等。· OH 会引起膜脂的过氧化反应,产生一系列自由基和活性氧。正常情况下,植物体内产生的自由基和活性氧可通过内源的抗氧化保护系统转变为活性较低的物质,从而维持产生和清除的动态平衡,植物得以正常生长、发育。而逆境条件下,产生和清除的代谢系统失调,造成活性氧和自由基在体内过量积累,对植物造成伤害。

O^{2-} · 与羟胺反应生成NO_2,NO_2在对氨基苯磺酸和 a—萘胺的作用下,生成粉红色的偶氮化合物,该有色化合物在530nm处有显著吸收。

1.仪器、设备及材料

(1)仪器和设备

低温离心机、恒温水浴锅、分光光度计、研钵、漏斗、纱布、试管、移液管等。

(2)材料和试剂

①$NaNO_2$。

②65mmol/L 磷酸缓冲液,pH＝7.8。

③10mmol/L 羟胺氯化物:称取 0.0694g 羟胺氯化物,用蒸馏水溶解并定容至 100mL。

④17mmol/L 对氨基苯磺酸:称取 0.5888g 氨基苯磺酸,用蒸馏水溶解并定容至 200mL。

⑤7mmol/L －萘胺:称取 0.2005g －萘胺,用蒸馏水溶解(可加热促进溶解)稳定。

2.方法与步骤

(1)NO_2^- 标准曲线的制作

配制浓度分别为 0μmol/L、5μmol/L、10μmol/L、15μmol/L、20μmol/L、30μmol/L、40μmol/L 的 $NaNO_2$ 标准溶液。分别吸取上述标准溶液 0.5mL,并分别加入 0.5mL 氨基苯磺酸和 0.5mL －萘胺,于 25℃恒温水浴中保温反应 20min,加入 1.5mL 的正丁醇摇匀后,取正丁醇相,测定 530nm 处的 OD 值。将测定结果以 NO_2^- 浓度为横坐标、光密度值为纵坐标制作标准曲线。

(2)$O_2^- \cdot$ 的提取

称取对照和逆境胁迫的植物叶片 5g,加入 6mL 65mmol/L pH＝7.8 的 PBS 缓冲液研磨,过滤,5000r/min 离心 10min,取上清液。

(3)$O_2^- \cdot$ 含有量的测定

①取上述上清液 1mL(蛋白含量约 0.5mg),加入 6mL65mmol/LPBS 缓冲液 0.9mL,羟胺氯化物 0.1mL(以 PBS 代替样品上清液做空白)。混合后,于 25℃恒温水浴中培养 20min。

②取上述培养液 0.5mL,分别加入对氨基苯磺酸 0.5mL、a—萘胺 0.5mL,于 25℃恒温水浴中保温反应 20min,加入 1.5mL 的正丁醇,摇匀后,取正丁醇相测定 530nm 处的 OD 值。

③用考马斯亮蓝 G—250 法测定步骤②上清液的蛋白质含量。

3. 结果计算

根据测得的 OD530,查 NO_2^- 标准曲线,将 OD530 换算成 $[NO_2^-]\times$ 2 则得 $[O_2^- \cdot]$,再根据样品与羟胺反应的时间(20min)以及样品中的蛋白质含量可求得 $O_2 \cdot$ 的产生速率[单位:$\mu mol/(min \cdot mg$ 蛋白质$)$]。

四、植物几种抗氧化物酶活性的测定

植物体内的活性氧主要包括 $O_2^- \cdot$、H_2O_2、$\cdot OH_2 \cdot O_2$ 等。而植物为保护自身免受活性氧的伤害,形成了内源保护系统,包括抗氧化酶类和非酶抗氧化剂。抗氧化酶主要是超氧化物歧化酶(SOD)、过氧化氢酶(CAT)、抗坏血酸过氧化物酶(AsA—POD)、谷胱甘肽还原酶(GR)等;抗氧化剂则包括还原型谷胱甘肽(GSH)、抗坏血酸(AsA)、类胡萝卜素、2—生育酚(维生素 E)、类黄酮、生物碱、半胱氨酸、氢醌及甘露醇等。在正常条件下,植物体活性氧的产生与清除处于动态平衡,不会积累过多的活性氧,从而保证植物正常生长、发育。但当植物遭受重金属胁迫、干旱、低温、高温、盐渍、高光强、O_3 和 SO_2 等逆境,以及植物衰老时,体内活性氧过量积累,从而对植物造成伤害。测定抗氧化酶活性、抗氧化剂含量在逆境条件下的变化情况,对于研究植物的逆境伤害和植物抗逆机制具有重要意义。

(一)Ⅰ超氧化物歧化酶(SOD)活性的测定

由于超氧阴离子自由基($O_2^- \cdot$)寿命短,不稳定,不易直接测定 SOD 活性,而常采用间接的方法。目前常用的方法有 3 种,包括 NBT 光化还原法、邻苯三酚自氧化法、邻苯三酚自氧化法—化学发光法。本实验主要介绍 NBT 光化还原法,其原理是氮蓝四唑(NBT)在蛋氨酸和核黄素存在的条件下,照光后发生光化还原反应而生成蓝甲潜,蓝甲潜在 560nm

处有最大光吸收。SOD能抑制氮蓝四唑的光化还原,其抑制强度与酶活性在一定范围内成正比。

1. 仪器、设备及材料

(1)仪器和设备

分光光度计、冷冻离心机、微量进样器、水浴锅、光照培养箱(或其他照光设备)、5mL小烧杯等。

(2)材料和试剂

①50mmol/L pH=7.8的磷酸缓冲液(PBS)。

②—甲硫氨酸:称甲硫氨酸0.34g,用pH=7.8的PBS溶解定容至150mL。

③氯化硝基氮蓝四唑(NBT)溶液:称NBT3mg,用pH=7.8的PBS溶解定容至5mL。

④核黄素:称2.936g核黄素,用pH=7.8的PBS溶解定容至200mL(遮光保存)。

⑤0.2mol/L磷酸氢二钠溶液:A母液为取$Na_2HPO_4 \cdot 2H_2O$ 35.61g或$Na_2HPO_4 \cdot 7H_2O$ 53.65g或$Na_2HPO_4 \cdot 12H_2O$ 71.64g加蒸馏水定容到1000mL;B母液为取$NaH_2PO_4H_2O$ 27.6g或$NaH_2PO_4 \cdot 2H_2O$ 31.21g加蒸馏水定容到1000mL。

⑥磷酸缓冲液(pH=7.8)的配制:分别取A母液(Na_2HPO_4)91.5mL和B母液(NaH_2PO_4)8.5mL混匀,稀释至200mL。

2. 方法与步骤

(1)酶液制备

称取对照和逆境胁迫的新鲜植物叶片各0.5g,分别放入研钵中,加50mmol/L的磷酸缓冲液(pH=7.8),研磨成匀浆。4℃下15000r/min离心15min,上清液定容至5mL,取部分上清液经适当稀释后用于酶活性测定。

(2)酶活性测定

在3mL的反应混合液中含—甲硫氨酸(2.5mL)、NBT(0.25mL)、核黄素(0.15mL)、50mmol/L pH＝7.8 的磷酸缓冲液(0.05mL)，加入经适当稀释的适量酶液。以不加入酶液(用缓冲液代替)的试管为最大光化还原管，用缓冲液作空白管(用缓冲液代替 NBT)。然后将各管放在4000lx 光照培养箱或日光灯下照光约 20min，测定反应液 560nm 的光密度。

(二)Ⅱ过氧化物酶(POD)活性的测定——愈创木酚法

在过氧化物酶催化下，H_2O_2 将愈创木酚氧化成茶褐色产物。此产物在 470nm 处有最大光吸收，故可通过测 470nm 下吸光值变化测定过氧化物酶活性。

1. 仪器、设备及材料

(1)仪器和设备

分光光度计、台式离心机。

(2)材料和试剂

①磷酸氢二钠、磷酸二氢钠、2－甲氧基酚、30％ H_2O_2、陶瓷小研钵、2mL 离心管、0.2mol/L 磷酸缓冲液(pH＝6.0)0.2mol/L 磷酸缓冲液(pH＝7.8)。

②0.2mol/L 磷酸氢二钠溶液：A 母液为取 $Na_2HPO_4 \cdot 2H_2O$ 35.61g 或取 $Na_2HPO_4 \cdot 7H_2O$ 53.65g 或取 $Na_2HPO_4 \cdot 12H_2O$ 71.64g 加蒸馏水定容到1000mL；B 母液为取 $NaH_2PO_4 H_2O$ 27.6g 或取 $NaH_2PO_4 \cdot 2H_2O$ 31.21g 加蒸馏水定容到 1000mL。

③磷酸缓冲液(pH＝6.0)的配制：分别取 A 母液(Na_2HPO_4) 12.3mL 和 B 母液(NaH_2PO_4)87.7mL 混匀，稀释至 200mL。

2. 方法与步骤

(1)酶液提取

称取 0.2g 新鲜叶片，洗净后置于预冷的研钵中，分三次加入 1.6mL (0.6mL、0.5mL、0.5mL)50mmol/L 预冷的磷酸缓冲液(pH＝7.8)在冰浴上研磨成匀浆，转入离心管中在 4℃、12000r/min 下离心 20min，上清液即为酶粗提液。

(2)酶活性测定

①反应混合液的配制：取 50mL PBS(pH＝6.0,0.2mol/L)缓冲液于

烧杯中,加入 $28\mu L$ 愈创木酚(1-甲氧基酚)于磁力搅拌器上加热搅拌,直至愈创木酚溶解,待溶液冷却后加入 $19\mu L30\%$ 的 H_2O_2,混匀后保存于冰箱中备用。

②酶活性测定:取 3mL 反应液并加入 $40\mu L$ 酶液后测定 OD470 值在 40s 的变化。以 PBS 代替酶液为对照调零。

3. 注意事项

(1)反应液配制时由于愈创木酚难溶,应加热一段时间。加入 H_2O_2 前注意溶液冷却,防止 H_2O_2 的挥发。

(2)由于该反应迅速,加入酶液要立即进行吸光值的测定。

(三)Ⅲ过氧化氢酶(CAT)活性的测定

过氧化氢酶(catalase,CAT),是一种广泛存在于生物组织中的氧化还原酶,它能催化 H_2O_2 分解为水和氧气,清除组织中的过氧化氢。H_2O_2 在 240nm 处有一个吸收高峰,其吸光度与 H_2O_2 的含量成正比,过氧化氢酶能分解过氧化氢,使反应溶液吸光度(A240)随反应时间而降低。单位时间内吸收的差值就是过氧化氢酶的活性。

1. 仪器、设备及材料

(1)仪器和设备

分光光度计、台式离心机。

(2)材料和试剂

①磷酸缓冲液(pH = 7.0)的配制:分别取 A 母液(Na_2HPO_4)61.0mL 和 B 母液(NaH_2PO_4)39.0mL 混匀,稀释至 200mL。

②$0.3\%H_2O_2$:吸取 0.5mL30% 的 H_2O_2,用 PBS(pH = 7.0)定容至 50mL。

2. 方法与步骤

(1)酶液提取

称取 0.2g 新鲜叶片洗净后置于预冷的研钵中,分三次加入 1.6mL(0.6mL、0.5mL、0.5mL)50mmol/L 预冷的磷酸缓冲液(pH = 7.8)在冰浴上研磨成匀浆,转入离心管中在 4℃、12000r/min 下离心 20min,上清液即为 CAT 粗提液。

（2）酶活性测定

①反应混合液的配制：取 100mLPBS（0.15mol/L，pH＝7.0），加入 0.1546mL30％的 H_2O_2 摇匀即可。

②取 2.9mL 反应液加入 0.1mL 酶液，以 PBS 为对照调零，测定 OD240 值在 40s 内的变化。

（四）抗坏血酸过氧化物酶（APX）活性的测定

事实上，POD 依照其生理功能的不同可分为两类。第一类是参与催化反应的电子供体的氧化产物具有一定生理功能的 POD，典型的例子是酚特异性过氧化物酶（PPO），又称愈创木酚过氧化物酶，它可以氧化降解吲哚乙酸，生物合成木质素，且与衰老密切相关；第二类是以清除 H_2O_2、有机氢的过氧化物为功能的酶，如植物体中的抗坏血酸过氧化物酶（APX）、哺乳动物中的谷胱甘肽过氧化物酶（GSH－POD）、酵母中的细胞色素 C 过氧化物酶（CytC－POD）等等。

已经发现 APX 存在于菠菜、豌豆、浮萍、美国梧桐、棉花、黄瓜、蓖麻籽、向日葵、茶叶、小麦、大麦、玉米、烟草、西葫芦等植物的叶片中，同时在豆科植物的根瘤、蓖麻等油料植物种子、马铃薯块茎以及藻类中均检测出 APX 活性。

高等植物的 APX 存在着多种同工酶。一种是光合器官型，又称叶绿体型同工酶，包括位于基质中的 APX 和同类囊体膜结合的 APX（tAPX）；另一种是非光合器官型，在植物细胞的胞浆、线粒体和乙醛酸循环中均已发现，且这类酶在总的 APX 中所占的份额最大。

不同材料及不同器官的研究结果表明，APX、Cyt C－POD、PPO 的酶学特性也是明显不同的。

APX 是植物 AsA－GSH 氧化还原途径的重要组分之一，其他成分包括单脱氢抗坏血酸自由基还原酶（MDHAR）、（双）脱氧抗坏血酸还原酶（DHAR）和谷胱甘肽还原酶（GR）等。这个途径在叶绿体、线粒体和胞浆中均已发现。

H_2O_2 是植物叶绿体中光合电子传递链和某些酶学反应的天然产物，是具有毒害作用的活性氧。高浓度的 H_2O_2 可以抑制卡尔文（Calvin)循环中的酶类。由于叶绿体不存在过氧化氢酶(CAT)和谷胱甘肽过氧化物酶(GSH－POD)，且叶绿体 APX 对 H_2O_2 的 Km 远比 CAT 小，因此 APX 是叶绿体中清除 H_2O_2 的关键酶。与其他 POD 相比，APX 尤其是叶绿体型 APX 有一明显特征，即在缺乏电子供体 AsA 的情况下会迅速失活。

APX 是植物体内尤其是叶绿体中清除 H_2O_2 的关键酶。在注入热休克、盐渍、百草枯(paraquat)处理等逆境条件下导致 APX 转录水平和酶活性的提高。

AsA－POD 催化 AsA 与 H_2O_2 反应，使 AsA 氧化成单脱氢抗坏血酸(MDAsA)。随着 AsA 被氧化，溶液的 OD290 值下降，根据单位时间内 OD290 减少值，计算 AsA－POD 活性。AsA 氧化量按消化系数 2.8mmol·cm/(L·cm)计算，酶活性用 μmol AsA/g FW 表示。

1. 仪器、设备及材料

(1)仪器和设备

高速冷冻离心机、紫外分光光度计。

(2)材料和试剂

①50mol/L 磷酸缓冲液(pH＝7.0)。

②2mmol/LAsA。

③0.1mmol/LEDTA－2Na。

2. 方法与步骤

(1)酶液提取

0.5g 材料，按 1∶5 加入预冷的提取液(50mmol/LK2HPO$_4$－KH$_2$PO$_4$ 缓冲液，pH＝7.0，内含 2mmol/L AsA，0.1mmol/L EDTA－Na2)，研磨后再 10000g 离心 10min，上清液为粗酶提取液。

(2)酶活性测定

加入后，立即在 290nm 测定 90s 内 OD 值的变化，计算酶活性。

第二节　重金属胁迫下植物体的可塑性响应

在自然界中，重金属具有很强的蓄积性、隐蔽性、不可逆性和长期性，它所带来的环境问题一直是被关注的焦点之一。土壤中的重金属可以轻易被植物吸收,并在其体内各部位累积。尽管在长期的进化过程中,生物形成了特定的调整能力,能够适应分布地一般性的环境变化,但这种能力并非无限的。当环境中重金属含量超过一定限度时,生物就会受伤害,甚至死亡。

不同的生物对特定胁迫因子的反应有所不同。即便是同种生物,生物个体对特定胁迫因子反应的特性和强度因年龄、适应程度、季节甚至每日活动而有很大变化。虽然胁迫因子强度与引发的反应之间存在良好相关,但仍不能假定生物所受伤害的程度与胁迫因子强度成比例。生物中所有胁迫引发的变化也不需要明确是损伤性的或保护性的。问题在于,特定条件下生物体是否受胁迫,只能靠与正常个体的行为比较来回答。

生物个体的环境因子也包括生物因子和非生物因子两类,个体对非生物因子量的响应也呈现最低、最适和最高三种情况。生物体在其生境中经常遭受多种限制发育乃至生存的胁迫。地球上的大部分地区,如干旱区、盐土区、南极、北极和高山区,即使有非常适宜生物生长的条件,也是短暂的。在理化条件适宜大多数生物生长的地方,很密集的生物个体之间的竞争就会强烈。例如,密林中林冠下部光照很弱,致使那里的苗木生长受到抑制;密集生物群体还会诱生寄生虫和真菌病。总之,最适条件十分少见和短暂故这里着重讨论重金属胁迫对个体的影响。

一、植物光合作用及光能利用效率对重金属胁迫的可塑性响应

光合作用与光照之间的关系是许多生理生态研究的基础。植物光合作用与光的关系有两个重要的参数:①表观光合作用为零时的光强度——光补偿点;②光合作用不再随光强增加时的光强度——光饱和点。除了这两个参数之外,植物的光合强度在一天中的变化(日进程)也是生理生态学研究的重要内容,是植物生物生产、竞争和适应等研究的基础。

同一基因型的光合生理生态特性是相同的。但是,现实中的表现型受到环境因子的影响,或多或少地产生可塑性变化。例如,光合日进程受

一日中光强、温度、湿度及风速变化的影响;长期处于不同逆境条件下的植物,光补偿点和光饱和点也会发生变化。要做出生态学判断,需要在一个相对短的时间里对多个生境中生长的植物加以比较。

本实验旨在了解植物光合作用吸收 CO_2 的能力,并了解植物的光合作用对重金属胁迫的可塑性响应。

(一)仪器、设备及材料

光合作用测定系统、叶室和气路系统、照度仪和辐射仪、风速仪、叶面积测定系统、湿度仪、植物水分状况测定仪(压力室)。

(二)方法与步骤

1.使用 LI-COR 6400 光合作用仪测定

按照仪器规定步骤,观测不同浓度梯度重金属处理植物以及同种各个处理的光-光合作用曲线,比较光补偿点、光饱和点、光量子效率、最大光合速率等参数。

2.使用 LCA4 仪器测定

按照仪器规定步骤,比较固定光强下及各个处理的光合作用强度。

3.使用红外线气体分析仪测定

(1)装好叶室底板,调整好气路系统,打开红外线气体分析仪电源,预热 10min。

(2)测定叶室内 CO_2 浓度变化,每 15s 记录一次,共约 10 次。

(3)同步测定光强、气温、空气湿度和风速等环境因子,测定间隔为 30~60s。

二、植物蒸腾作用及水分利用效率对重金属胁迫的可塑性响应

蒸腾作用(transpiration)是水分从活的植物体表面(主要是叶子)以水蒸气状态散失到大气中的过程,与物理学的蒸发过程不同,蒸腾作用不仅受外界环境条件的影响,而且受植物本身的调节和控制,因此它是一种复杂的生理过程。土壤中的重金属可以轻易被植物吸收,并在其体内各

部位累积而影响植物蒸腾作用及水分利用效率。本实验旨在了解不同浓度梯度重金属胁迫对植物蒸腾作用的影响。

（一）仪器、设备及材料

LI—COR 6400、LCA4、电子天平（0.1～1g）、空气温湿度仪、辐射仪和照度计、风速仪、叶面积仪、计时表、压力室式水势仪。

（二）方法与步骤

1.使用 LI—COR 6400 光合作用仪测定

按照仪器规定步骤，观测不同浓度梯度重金属胁迫下植物蒸腾速率、气孔导度、水分利用效率等参数。

2.使用 LCA4 仪器测定

按照仪器规定步骤，观测不同浓度梯度重金属胁迫下植物蒸腾速率、气孔导度、水分利用效率等参数。

3.重量法（基准方法）

（1）用保鲜膜封闭花盆。

（2）调平电子天平，打开电源，计时钟开始计时。

（3）仔细按盆号称重，注意重复。

（4）同步测定光强、气温、空气湿度、风速和水势。

（5）测定间隔为 30～60min。

（6）计算结果。

第三节　重金属在植物体内的迁移、积累和分布

植物从土壤中吸收重金属后，有一个不断积累和逐渐放大的过程。生物积累包含两个过程：①生物浓缩，指生物体通过对环境中某些物质的吸收和积累，使这些物质在生物体内的浓度超过环境中浓度的现象；②生物放大，指在同一食物链上的高营养级生物通过吞食低营养级生物蓄积某物质，使其在机体内的浓度随营养级数提高而增大的现象。因此，重金

属在生物组织中的浓度要比其周围环境中的浓度高出许多倍。在农业生态系统中，植物吸收、积累水或土壤中的重金属，使其迁移分布于植株体的各个部位，当动物或人体取食植株的根、茎、叶、花或果时，重金属就在食物链中积累起来，达到较高的浓度，从而直接危害人体健康。下面以铜为例，介绍重金属在植物体内的迁移、积累和分布研究方法。

一、植物体内重金属含量的测定

（一）仪器设备与试剂

（1）原子吸收分光光度计、铜空心阴极灯、烘箱、粉碎机。

（2）铜标准贮备溶液：称取 1.000g 金属铜（99.9％以上）于烧杯中，用 20mL 硝酸溶液（1∶1）加热溶解，冷却后，转移至 1L 容量瓶中，稀释至刻度，混匀，即获得 1mg/mL 的铜标准贮备溶液。

也可用硫酸铜配制：称取 3.928g 硫酸铜（$CuSO_4 \cdot 5H_2O$，未风化），溶于水中，移入 1L 容量瓶中，加 5mL 硫酸溶液（1∶5），稀释至刻度，即为 1mg/mL 铜标准贮备溶液。将铜标准贮备溶液储存于聚乙烯瓶中备用。

（3）铜标准溶液：使用前，吸取该贮备溶液 10mL 于 100mL 容量瓶中，稀释至刻度，混匀，即获得 100mg/L 的铜标准液。

（二）操作步骤

1. 标准曲线的绘制

取 6 个 25mL 容量瓶，分别加入 5 滴 1∶1 盐酸，依次加入 0.0mL、1.00mL、2.00mL、3.00mL、4.00mL、5.00mL 的浓度为 100mg/L 的铜标准液，用去离子水稀释至刻度，摇匀，配成含 0.00mg/L、0.40mg/L、0.80mg/L、1.20mg/L、1.60mg/L、2.00mg/L 铜标准系列，然后在原子吸收分光光度计上测定吸光度。以浓度为横坐标，吸光度为纵坐标，绘制铜的标准工作曲线。

2. 样品的制备

将植物样品先置于 105℃下杀青 0.5h 后，再于 70℃下过夜，烘干至恒重。将烘干的样品粉碎,过 2mm 孔径的尼龙筛,装入玻璃广口瓶、塑料瓶或洁净的样品袋中,备用。分析前需要再次烘干。

3.样品的消化

准确称取 1.000g 已处理好的植物样品于 100mL 锥形瓶中(3 份),用少量去离子水润湿,加入混合酸 10mL(硝酸∶高氯酸=5∶1),同时做 1 份试剂空白,盖上弯颈漏斗,放置于通风橱内浸提过夜。将样品转移到温度可调的电热板上,微热至反应物颜色变浅,用少量去离子水冲洗锥形瓶内壁,逐步提高温度至消化液处于微沸状态。在消化过程中,如有炭化现象可再加入少许混合酸继续消化,直至试样变白,拿去弯颈漏斗,加热烘干,取下冷却,加入少量去离子水,加热,冷却后用中速定量滤纸过滤到 25mL 容量瓶中,再用去离子水稀释至刻度,摇匀待测。

4.试液的测定

与标准曲线绘制的步骤相同,依次测定空白试液和试样溶液中铜的浓度。试样溶液中测定元素的浓度较高时,需要做相应稀释,再上机测定。

二、重金属在植物亚细胞中的分布

植物为了适应重金属胁迫条件,常常形成一定的耐性机制,避免受到重金属的毒害。现有研究发现,一些重金属超积累植物或耐旱植物,在吸收了重金属之后,能够将重金属转化成不具生物活性的形态存在,将其结合到细胞壁、进入液泡或与有机酸和蛋白质络合等。通过研究重金属元素在细胞中的分布特征和结合形态,有助于了解重金属在细胞中的生理活动过程和解释植物对重金属的富集和解毒机制。目前对于重金属在植物亚细胞中的分布研究,主要采用亚细胞差速离心技术。

具体操作步骤如下:

(1)植物样品制备:将植物新鲜材料先后用自来水、蒸馏水反复冲洗,再用 10mmol/L EDTA-2Na 仔细清洗,最后用去离子水冲洗干净,吸干表面水分,置于-20℃冰箱中迅速冰冻备用。

（2）植物体内亚细胞组分的分离：准确称取植物新鲜样品 2g，加入 20mL 预冷的提取液[0.25mmol/L 蔗糖＋50mmol/L，Tris HCl 缓冲液 (pH＝7.5)]，研磨匀浆。匀浆后用尼龙纱布过滤，滤渣为细胞壁部分；滤液在 600r/min 下离心 10min，沉淀为细胞核部分；上清液在 2000r/min 下离心 15min，沉淀为叶绿体部分；上清液在 10000r/min 下离心 20min，沉淀为线粒体部分；上清液为含核糖体的可溶部分。每组均离心两次。全部操作在 4℃下进行，使用冷冻离心机，在 4℃下离心。

（3）金属含量测定：以提取剂为空白，上清液用原子吸收分光光度计直接测定金属含量；残渣和沉淀用去离子水少量多次洗入 50mL 锥形瓶中，在电热板上加热烘干后，加入 5mL 体积比为 4∶1 的 HNO_3-HClO_4 进行消煮至澄清，用去离子水定容至 10mL 后测定。

三、重金属在植物体内的形态分布

重金属经过植物吸收，进入植物体后，会与植物体内多种化合物结合，形成不同的化学形态，分布于各个组织和器官中。这些不同化学形态的重金属迁移能力、活性各不相同，对植物体的毒性也差异显著。植物体内重金属的形态分析方法主要包括色谱分析法、化学沉淀法、离子交换树脂法、微孔滤膜过滤法和连续化学提取法等。其中，连续化学提取法因提供的信息多、对仪器设备要求低，被国内外学者广泛采用。目前化学连续提取法主要有五步连续提取和两步连续提取两种类型。

（一）植物中重金属形态分布的五步连续提取法测定

五步连续提取法是较为经典的植物体内重金属形态分析方法。根据不同提取剂对不同结合态金属元素的溶解能力，依次采用 80％乙醇、去离子水、1mol/L 氯化钠溶液、2％醋酸、0.6mol/L 盐酸进行提取。其中，80％乙醇主要提取以醇溶性蛋白质、氨基酸盐等为主的物质；去离子水主要提取水溶性有机酸盐、一代磷酸盐等；1mol/L 氯化钠溶液主要提取果胶酸盐与蛋白质结合态或吸附态的重金属等；2％醋酸主要提取难溶于水的重金属磷酸盐，包括二代磷酸盐、正磷酸盐等；0.6mol/L 盐酸主要提取草酸盐等。

具体操作为:准确称取植株鲜样 0.5g,剪成 1mm² 的碎片,置于锥形瓶中,加入 20ml 提取剂于电动振荡器上振荡 2h 后,于 25℃恒温箱中放置过夜(17～18h),次日回收提取液,再加入等体积该提取剂,振荡浸提 2h 后再回收提取液,重复 2 次,即在 24h 内提取 4 次,合并提取液于锥形瓶中。于上述植物残渣中加入下一种提取剂,然后步骤同上。将回收的提取液,在电热板上蒸发至近干,加入 5mL 体积比为 4∶1 的 HNO_3—$HClO_4$ 进行消煮至澄清,用 2%HNO_3 定容至 10mL,使用原子吸收分光光度计测定金属含量。采用下列 5 种提取剂依次逐步提取:80%乙醇、去离子水、1mol/L 氯化钠溶液、2%醋酸、0.6mol/L 盐酸。

(二)植物中重金属形态分布的两步连续提取法测定

五步连续提取法操作过程较为烦琐,耗时长,并且每一步提取过程都不可避免地出现再吸附现象,使得连续提取法的回收率不够理想。同时,新鲜样品常常由于含水量大,采用新鲜植物样品进行分析,会导致固液分离不理想,增加分析误差。而且由于新鲜样品不易保存,不利于大量样品的分析。为此可以采用两步连续提取的办法来进行植物体内重金属的形态分析。该方法将植物体内重金属形态分为乙醇提取态、盐酸提取态和残渣态三种。其中,乙醇提取态主要包括无机盐和氨基酸盐,在植物体内呈溶解状态,是植物体内生物活性最强的形态,易迁移,而且对植物体的毒性效应最为显著。盐酸提取态活性程度较乙醇提取态低,包括有机酸盐、果胶酸盐、蛋白质结合态等,这部分重金属能与植物成分螯合,迁移能力降低。残渣态,活性低,容易在植物体的组织器官中蓄积,很难向其他部位迁移。残渣态的形成能有效降低重金属对植物体的危害。

该方法具体步骤如下:

(1)植物样品制备:将采集的植物样品带回实验室后,立即用自来水、去离子水冲洗 2～3 遍,将水吸去后晾干。植物的根、茎、叶样品于鼓风干燥箱 95℃杀青 30min,65℃下烘干至恒重;果实样品采用冷冻干燥。干燥后的植物样品经研磨、过 100 目筛后,封存,备用。

（2）准确称取 0.4g 植物粉末，放入 30mL 聚四氟乙烯离心管中。

（3）加入 10mL80% 乙醇溶液，室温振荡 20h，10000r/min 离心 10min，收集离心液。残渣中再次加入 10mL 乙醇提取剂，室温振荡 2h，离心分离，重复 2 次，将 3 次离心液合并在 50mL 三角瓶中，置于 140℃电热板上加热浓缩后，加 2mL 浓硝酸加盖回流 2h，消煮至澄清，用 2% HNO_3 定容至 25mL，用原子吸收分光光度计测定金属含量。

（4）在上述植物残渣中加入 10mL0.6mol/LHCl 提取剂，其余步骤同（3）。

（5）进行残留物的消解和金属含量测定，以确定残渣态重金属含量。

四、植物对重金属的迁移、转运和富集系数的计算

重金属可以通过植物根系向植物叶片迁移并累积，因此可以用富集系数来反映植物叶片和土壤中重金属含量的关系和不同地点对重金属富集能力的差异。植物的重金属转移系数和富集系数可用来表征土壤－植物体系中重金属元素迁移的难易程度。

转移系数 TF（translocation factors）是植物地上部和根部重金属含量的比值，可以体现植物从根部向地上部运输重金属的能力。富集系数 EC（enrichment coefficient）是地上部或地下部分重金属含量和土壤中重金属含量的比值，是评价植物富集重金属能力的指标之一。

第四节　植物根系分泌物的采集与鉴定

在植株生长过程中，由根系的不同部位分泌或溢泌一些有机和无机物质，包括小分子有机物、根细胞分泌物及其分解组分，以及黏胶物质，气体、质子、营养离子等较大分子物质统称为根系分泌物。不同植物具有不同的根生长期，每个时期的根系分泌物种类各不相同，其种类繁多，数量差异大，包括初生代谢产物如糖、蛋白质和氨基酸等和次生代谢产物如有机酸、酚和维生素等。根系分泌物是保持根际生态系统活力的关键因素，

同时也是根际微环境的重要调控组分。植物在生长发育过程中不断分泌无机离子及有机化合物,这是植物长期适应环境而形成的一种适应机制。多采用有机溶剂对根系分泌物进行提取,如甲醇、乙酸乙酯、石油醚、氯仿、二氯甲烷等。对比多种研究结果发现,乙酸乙酯和二氯甲烷提取的根系分泌物较多,提取较充分,效果较为理想。使用高效液相色谱法、色谱—质谱联用技术及其他谱学法对植物根系分泌物的化学成分进行分析和鉴定。下面以常见观赏植物吊兰为例,介绍植物根系分泌物的采集与鉴定。

一、根系分泌物的收集及纯化

(一)水培收集法

水培收集法是最常用的根系分泌物收集法。该方法是将植物进行营养液培养,在特定时期将植物取出,用蒸馏水清洗去表面黏附物和养分离子,放入清水或含有微生物抑制剂的营养液中培养一段时间,将培养液过滤,除去养分离子后,即为根系分泌物。该方法只能代表植物在水培条件下的分泌情况。

1. 仪器设备与试剂

(1)仪器设备

旋转蒸发仪、超声波细胞破碎仪、离心机、分液漏斗、滤纸、微孔滤膜、锥形瓶、高效液相色谱棕色进样瓶、移液管等。

(2)材料与试剂

材料:吊兰。

试剂:乙酸乙酯(分析纯)。

2. 操作步骤

(1)取出水培 30d 的吊兰植株,用清水和蒸馏水去除根表面附着的基质及黏液,用滤纸吸干根表面水分,将吊兰放入盛有 50mL 蒸馏水的三角瓶中,培养 24h 后收集根系分泌物于棕色瓶中。

(2)使用微孔滤膜过滤去除微生物后使用滤纸过滤 3 次,合并滤液。

(3)使用超声波细胞破碎仪 20℃超声 5min,4000r/min 离心 5min,收集上清液。

(4)将根系分泌物与乙酸乙酯充分混匀(1∶3)萃取 30min,反复 3 次。有机相经旋转蒸发仪在 55℃下旋转蒸发浓缩至 2mL,装入高效液相色谱棕色进样瓶中,4℃冷藏备用。

3. 注意事项

(1)该方法虽然操作简单,但无法做到严格的无菌状态,微生物抑制剂虽然可以很好地抑制微生物的生长,但同时可能对植物的生长、生理状况造成一定的不良影响。

(2)水培条件缺少机械助力,与土壤中的通气状况、养分分布存在一定差异,只能反映植物在水培条件下的根系分泌物状况。

(二)土培收集法

土培收集法是在土培的植物生长一段时间后,将其根系取出,用蒸馏水浸提,振荡后离心或过滤,得到根系分泌物。该方法得到的根系分泌物与植物自然生长条件下的实际分泌情况更加接近。

1. 仪器设备与试剂材料

(1)仪器设备

旋转蒸发仪、离心机、分液漏斗、滤纸、微孔滤膜、锥形瓶、高效液相色谱棕色进样瓶、移液管等。

(2)材料与试剂

材料:吊兰。

试剂:乙酸乙酯(分析纯)。

2. 操作步骤

(1)使用尼龙网制作根际箱或根际袋,构建根垫装置,土培吊兰植株。待吊兰根垫形成后,收集吊兰根际土,按液∶土=10∶1 的体积或质量比,用蒸馏水振荡浸提吊兰根际土 1h,然后 4000r/min 离心 20min,收集上清液。

(2)使用微孔滤膜过滤上清液 3 次,去除微生物。

（3）将根系分泌物与乙酸乙酯充分混匀（1∶3）萃取 30min，反复 3 次。有机相经旋转蒸发仪在 55℃下旋转蒸发浓缩至 2mL，装入高效液相色谱棕色进样瓶中，4℃冷藏备用。

3. 注意事项

（1）土壤中微生物种类、数量繁多，会迅速分解和利用植物根系分泌物。

（2）植物根系与土壤分离时，根系极易受到损伤，收集的土壤溶液中会包含很多根系本身的内含物和伤流液。

二、根系分泌物的鉴定

红外光谱仪、紫外－可见光谱仪、气相色谱仪、液相色谱仪、离子色谱仪、质谱仪、毛细管电泳仪、核磁共振仪等均可用于精确鉴定根系分泌物。光谱法主要根据未知组分在某一特定波长下产生的特征吸收峰不同进行鉴定。其中红外光谱法能给出待测组分的分子结构信息，包括待测组分的去向以及存在的官能团等。质谱仪能与多种色谱仪高效液相色谱、气相色谱、离子色谱、毛细管电色谱等联用，进样量小且灵敏度高，能有效鉴定待测组分的功能基团。本方法仅提供气相色谱－质谱联用（GC－MS）的方法进行鉴定。鉴定条件如下：毛细管柱（30m×0.32mm×0.25μm）；升温程序为初始温度 40℃，保持 5min，以每分钟升 10℃上升至 200℃，保持 2min，再以每分钟升 20℃上升至 280℃，保持 2min；进样量为 1μL；进样口温度 280℃；检测器温度 280℃；载气为氦气，载气流速 1mL/min；分流比为 10∶1；电离电压为 70eV；扫描范围为 40～700amu；应用质谱数据库，确定各组分。

根据 GC－MS 检测，得到植物根系分泌物的总离子流图，并将所得色谱峰的质谱图信息在质谱库中进行检索（相似度大于 80%），鉴定植物根系分泌物的化学成分，按照面积归一化法确定各成分的质量分数。

第三章　污染土壤物理与化学修复技术

污染土壤修复技术主要包括物理、化学、生物及联合方法修复技术。物理修复技术主要包括客土法、淋洗法、固化/稳定化、玻璃固化、电动修复法、挖掘填埋法、低温热脱附、高温热脱附、通风去污法、焚烧法等；化学修复技术主要包括化学清洗、化学萃取、光化学降解、化学氧化、化学栅（沉淀栅、吸附栅、联合栅）等；生物修复技术主要包括微生物修复、生物通风法、土耕法、生物泥浆、堆腐、制备床、厌氧处理、植物修复等。污染土壤化学修复技术相对于植物修复、微生物修复等其他土壤修复技术而言，发展较早，也更为成熟。该技术主要是基于污染物土壤化学行为的改良措施，如添加改良剂、抑制剂等化学物质来降低土壤中污染物的水溶性、扩散性和生物有效性，从而使得污染物得以降解或转化为低毒性或移动性较低的化学形态，以减轻污染物对生态和环境的危害，具有实施周期短、可用于处理各种污染物等优点。

第一节　污染土壤物理修复技术

根据在土壤修复过程中被污染的土壤是否移动，可把修复技术分为原位土壤修复和异位土壤修复。原位土壤修复是指不移动受污染的土壤，直接在土壤发生污染的位置对其进行原地修复或处理的土壤修复技术，具有投资低、对周围环境影响小的特点。异位土壤修复是指将受污染的土壤从发生污染的原来位置挖掘或抽提出来，搬运或转移到其他场所或位置进行治理修复的土壤修复技术。

一、污染土壤物理修复技术特点

污染土壤物理修复是指采用物理方法进行调节或控制,使污染土壤的物理性状发生改变,将污染物与土壤分离,或者将土壤中的污染物转化为低毒或无毒物,而使土壤中的污染物得到有效控制的物理修复过程。物理分离修复技术、土壤蒸汽浸提修复技术、固化/稳定化土壤修复技术、热力学修复技术、热解析修复技术、电动修复技术、冰冻修复技术是主要的土壤污染物理修复技术。这些技术能够对受到苯系物、多环芳烃、多氯联苯、重金属以及二噁英等污染的土壤进行有效修复。

污染土壤物理修复技术是比较经典的土壤污染治理措施,具有技术简单、操作简单的特点,修复彻底、稳定的优点。污染土壤物理修复技术的缺点是工程量大、投资费用高,会破坏土体结构,引起土壤肥力下降,并且还要对换出的污土进行堆放或处理,只适用于小面积严重污染的土壤治理。下面我们分别对常见的物理修复技术的工作原理或机制进行详细的论述。

二、物理分离修复技术

(一)物理分离修复技术基本原理

物理分离修复技术来源于化学、采矿和选矿工业中。在原理上,大多数污染土壤的物理分离修复基本上与化学、采矿和选矿工业中的物理分离技术一样,主要是根据土壤介质及污染物的物理特征而采用不同的操作方法:①依据粒径大小,采用过滤或微过滤的方法进行分离;②依据分布、密度大小,采用沉淀或离心的方法进行分离;③依据磁性有无或大小,采用磁分离的手段进行分离;④依据表面特性,采用浮选法进行分离。

物理分离修复技术具有高效、快捷、积极、修复时间较短、操作简便、对周围环境干扰少、对污染物的性质和浓度不是很敏感等特点。物理分离修复技术有许多局限性,修复效果不尽如人意,有可能引起二次污染,所需费用较高,消耗人力物力较多。比如用粒径分离时,易塞住筛孔或损坏筛子;用水动力学分离和重力分离时,当土壤中黏粒、粉粒和腐殖质含量较高时很难操作;用磁分离时处理费用比较高等。这些局限性决定了物理分离修复技术只能在小范围内应用,不能被广泛推广。

绝大多数技术适合于中等粒径范围($100\sim1000\mu m$)的土壤处理,少数技术适合于细质地的土壤。在泡沫浮选法中,最大粒度限制要根据气泡所能支持的颗粒直径或质量来衡量和确定。

(二)物理分离技术主要类型

1.粒径分离

粒径分离是根据颗粒直径分离固体,叫筛分或者过滤,它是将固体通过特定大小网格的线编织筛的过程,粒径大于筛子网格的颗粒留在筛子上,粒径小于筛子网格的颗粒通过筛子。

2.水动力学分离

水动力学分离是基于颗粒在流体中的流动速度将其分为两部分或大部分的分离技术。颗粒在流体中的移动速度取决于颗粒大小、密度和形状,通过强化流体与颗粒运动方向相反的方向上的运动,提高分离效率。

水力旋风分离器主要利用离心力来加速颗粒的沉降速率,最终实现分离的目的。水力旋风分离器的主体结构是一个竖直的圆锥筒。土壤以泥浆的方式从顶部沿切线方向加入,通过在圆锥筒内竖直轴形成的低压区,产生涡流。快速沉降的土壤颗粒在离心力的作用下,向管壁方向加速沉降,并以螺旋的方式沿筒壁向下落到底部开口处。沉降速率较慢的土壤颗粒则聚集到轴两侧的低压区内,并由一根管子吸出,流出筒外。

3.密度(或重力)分离

密度分离是基于物质密度,采用重力富集方式分离颗粒。在重力和其他一种或多种与重力方向相反的作用力的共同作用下,不同密度的颗粒产生的运动行为也有所不同。重力分离对粗糙颗粒比较有效。常用的密度分离设备有振动筛、螺旋富集器、摇床、比目床等。

4.泡沫浮选分离

用泡沫浮选分离使杂质与悬浮液分开的方法:向液体充气直到饱和,

随后使气体饱和的液体膨胀并形成气泡。为在悬浮液中创造最佳的气泡大小和数量提供良好条件,并使本方法更有效,气体饱和的液体应单独地并在含气泡的液体加到有杂质的悬浮液中之前进行膨胀。用浮选法使杂质与悬浮液分开的装置至少包括向液体充气直到饱和的设备、使气体饱和的液体进行膨胀并产生气泡的设备和将有气泡的液体加到悬浮液中并送到浮选槽的设备。其特征在于:气体饱和的液体应单独地并在含气泡液体加到有杂质的悬浮液中之前进行膨胀。

5.磁分离

磁分离是基于各种矿物的磁性强弱不同进行分离,尤其是将铁材料从非铁材料中分离出来的技术。磁分离设备通常是将传送带或转筒运送过来的移动颗粒流连续不断地通过强磁场,最终达到分离的目的。

三、蒸汽浸提修复技术

(一)土壤蒸汽浸提技术基本原理

土壤蒸汽浸提技术可操作性强,设备简单,容易安装,对处理地点的土壤破坏较小;处理时间短,在理想条件下,通常6个月到2年即可;处理污染物的范围宽,容易与其他技术组合运用。浸提技术主要用于挥发性有机卤代物和非卤代物的修复,通常应用的污染物是那些亨利系数大于0.01或蒸汽压大于66.7Pa的挥发性有机物,有时也应用于去除环境中的油类、重金属及其有机物、多环芳烃等污染物。由于土壤理化性质对土壤蒸汽浸提技术有很大的影响,因此,采用该技术前应对土壤孔隙度、湿度、容重、质地、有机质含量、空气传导率等进行测量。此外,该技术很难达到90%以上的去除率,在低渗透土壤和有层理的土壤上有效性不确定;这种技术只能处理不饱和的土壤,对饱和土壤和地下水的处理需要与其他技术组合运用。

(二)原位土壤蒸汽浸提技术

原位土壤蒸汽浸提技术是通过向布置在不饱和土壤中的提取并向土

壤导入气流,气流经过土壤时,挥发性和半挥发性的有机物挥发随空气进入真空中,气流经过以后,土壤得到修复。根据受污染地区的实际地形、钻探条件或其他现场具体因素的不同,可选用垂直或水平提取井进行修复。

(三)异位土壤蒸汽浸提技术

异位土壤蒸汽浸提技术是通过布置在污染土壤中开着狭缝的管道网络向土壤中引入气流,促使挥发性和半挥发性的污染物挥发进入土壤中的清洁空气流,进而被提取脱离土壤。

该技术主要受以下因素制约:

(1)挖掘和物料处理过程中容易出现气体泄漏。

(2)运输过程中有可能导致挥发性物质释放。

(3)占地空间要求较大。

(4)处理之前,直径大于60mm的块状碎石需提前去除。

(5)黏质土壤会影响修复效率。

(6)腐殖质含量过高会抑制挥发过程。

四、热力学修复技术

热力学修复技术是利用热传导(如热井和热墙)或辐射(如无线电波加热)实现对污染土壤的修复。其与标准土壤蒸汽提取过程类似,利用气提升和鼓风机将水蒸气和污染物收集起来,通过热传导加热。在土壤饱和层中利用各种加热手段让土壤温度升高,输入的热量将会使地下水沸腾,溢出蒸汽,带走污染物,从而达到修复的目的。热力学修复技术包括高温(>100℃)原位修复技术、低温(<100℃)原位修复技术和原位电磁波加热修复技术。

(一)高温原位加热修复技术

利用气提升和鼓风机将水蒸气和污染物收集起来,通过热传导加热,可以通过加热毯从地表进行加热,也可以通过安装在加热井中的加热器件进行加热。

高温原位加热修复技术主要用于处理的污染物有半挥发性的卤代有机物和非卤代化合物、多氯联苯以及密度较高的非水质液体有机物等。

高温原位加热修复技术的影响因素如下：

(1)地下土壤的异质性会影响原位修复处理的均匀程度。

(2)提取挥发性弱一些的有机物的效果取决于处理过程所选择的最高温度。

(3)加热和蒸汽收集系统必须严格设计、严格操作,以防止污染物扩散进入清洁土壤。

(4)经过修复的土壤结构可能会由于高温而发生变化。

(5)如果处理饱和层土壤,用高能来将水加热,会大幅度提高成本。

(6)含有大量黏性土壤及腐殖质的土壤,对挥发性有机物具有较高吸附性,会导致去除速率降低,需要尾气收集处理系统。

(二)低温原位加热修复技术

低温原位加热修复技术利用蒸汽井加热,包括采用蒸汽注射钻头、热水浸泡或者电阻加热产生蒸汽加热,可以将土壤加热到100℃。低温原位加热修复技术主要用于处理的污染物是半挥发性卤代物和非卤代物及浓的非水溶性液态物质。

低温原位加热修复技术的影响因素如下：

(1)地下土壤的异质性,会影响土壤修复处理的均匀程度。

(2)渗透性能低的土壤难以处理。

(3)在不考虑重力的情况下,会引起蒸汽绕过非水溶性液态浓稠污染物。

(4)地下埋藏的导体,会影响电阻加热的应用效果。

(5)流体注射和蒸汽收集系统,必须严格设计、严格操作,以防止污染物扩散进入清洁土壤。

(6)蒸汽、水和有机液体必须回收处理。

(7)需要尾气收集处理系统。

（三）原位电磁波加热修复技术

原位电磁波加热修复技术是将微波能转化为热能，通过加热和挥发去除污染物。它利用高频电刀产生的电磁波能量对现场土壤进行加热，利用热量强化土壤蒸汽浸提技术，使污染物在土壤颗粒内解吸而达到污染土壤修复的目的。无线电波加热主要是利用无线电波中的电磁能量进行加热，过程中无须土壤的热传导，能量由埋在钻孔中的电极导入土壤介质，加热机制类似于微波炉加热。

在微波加热中，许多有机物质和土壤颗粒对微波具有抵抗性，不能直接吸附微波能量来加热污染物。因此，微波吸收剂通常与被污染的土壤混合在一起有助于微波能量转化为热能。

原位电磁波加热修复技术的加热系统包括：无线电能量辐射布置系统；无线电能量发生、传播和监控系统；污染物蒸汽屏蔽包容系统；污染物蒸汽回收处理系统等。

原位电磁波修复技术的影响因素：

（1）含水量高于 25％的土壤能耗很大，水的蒸发降低了系统的效率。

（2）对非挥发性有机物、无机物、金属及重油无效。

（3）深入 15m 的地下土层，某些特定的电磁波加热技术的运用效果不理想。

（4）黏性土壤吸附的污染物难以去除，会降低电磁波加热系统性能。

五、电动力学修复技术

电动力学修复技术是利用土壤和污染物电动力学性质对环境进行修复的新兴技术。电动力学修复技术既可以克服传统技术严重影响土壤结构和地下水所处生态环境的缺点，又可以克服现场生物修复过程非常缓慢、效率低的缺点，且投资比较少，成本比较低廉。

（一）电动力学修复技术原理

电动力学修复技术基本原理是在污染土壤区域插入电极，施加直流电后形成电场,土壤中的污染物在直流电场作用下定向迁移,富集在电极区域,再通过其他方法(电镀、沉淀/共沉淀、抽出、离子交换树脂等)去除。电动力学修复过程中污染物的迁移机理有电渗析、电迁移和电泳 3 种情况。电渗析是土壤中的孔隙水在电场作用下从阴极向阳极方向流动;电迁移是带电离子向电性相反的电极方向迁移;电泳是土壤中带电胶体粒子的迁移运动。在电动力学修复技术运行过程中,电极表面可能发生电解,阳极电解产生氢气和氢氧根离子,阴极电解产生氢离子和氧气。

电动力学处理过程中阳极应该选用惰性电极如石墨、铂、金电极,在实际应用中多用高品质的石墨电极;阴极可以用普通的金属电极。阳极产生的 H^+,在直流电场的作用下向阴极迁移,这样就容易形成酸性迁移带。酸性迁移带的形成促使重金属离子从土壤表面解吸及溶解,进行迁移。

土壤类型和性质是影响污染物迁移速度及去除效率的主要因素。高水分、高饱和度、低反应活性的土壤适合污染物的迁移。反之,具有反应活性的土壤容易导致污染物的吸附和表面化学反应等,不利于污染物通过迁移而去除。污染物与土壤组分相互之间的复杂作用随着土壤颗粒表面及孔隙水的化学性质而发生变化。电动力学过程中发生的土壤和污染物的相互作用机理尚未得到彻底的研究。

电压和电流是电动力学修复技术操作过程中的主要参数。尽管较高的电流强度能够加快污染物的迁移速度,但是能耗也迅速升高。电能耗与电流的平方成正比。一般采用的电流强度约为 $10\sim100mA\cdot cm-2$,电压梯度约在 $0.5V\cdot cm-1$ 左右。对特定的污染物和土壤,需要根据土壤特性、电极构型和处理时间等因素通过具体实验确定。

电极材料也是一个重要因素。选择电极材料的因素包括导电性、材料易得、容易加工、安装方便以及成本低廉等。阴极材料要求避免在酸性条件下离解或者发生腐蚀现象,阳极材料要求避免在碱性条件下腐蚀。此外,电极一般是多孔或者是中空的,以方便污染物的抽取或者调节液的注入。电极可以垂直安装,也可以水平安装,但在实际操作过程中大多采用垂直安装。

(二)电动力学修复技术应用

1.去除重金属污染

电动力学修复技术可以有效地去除地下水和土壤中的重金属离子。在施加直流电场后,带正电荷的重金属离子开始向阳极迁移,其迁移速度比同方向流动的电渗析流快得多。金属离子的迁移速度与离子半径有关,离子半径愈小,迁移速度愈快,例如 Na 离子的迁移速度＞K 离子的迁移速度＞Ca 离子的迁移速度＞Ni 离子的迁移速度。有大量的实验室实验和现场实验证明这项技术的有效性,实验研究报道的离子包括铬、镉、铜、铅、汞、锌、锗、镍、钴、钼、锶、铀、钍和镭。

在处理过程中,首先要将一系列电极按预定的设计置于污染区地下,电极材料一般是惰性的碳电极,以避免额外物质的导入。极区附近的水流需要进行循环,其主要目的是输入需要的配合剂,强化离子的传输,控制电极上的反应,避免极化现象,避免氢氧化物沉淀。输入的循环液还能够协助重金属脱附和溶解。重金属离子最终可能沉淀在电极上或者被抽取出来另行装置。

在操作过程中,适当添加一些配合剂,例如 EDTA,能够保持金属离子呈溶解状态并随电渗析流迁移。配合剂的选择随污染物质和土壤结构而异,需要通过实验具体评定。另外,在阳极室加入乙酸,也可以控制阳极的极化反应。

2.去除有机物

近年来,人们开始应用电动力学以抽取地下水和土壤中的有机污染物,或者用清洁的流体置换受污染的地下水和洗刷受有机物污染的土壤。有关实验表明,这种方法用于去除吸附性较强的有机物效果较好。例如,苯酚和乙酸,在高岭土中,当电压是 $60V \cdot m^{-1}$ 时,对 $450mg \cdot kg^{-1}$ 的苯酚,使用土壤孔隙体积 1.5 倍的水置换,苯酚去除率大于 94%;对 $0.5mol \cdot L^{-1}$ 的乙酸,使用 1.5 倍孔隙体积的水流置换,95% 的乙酸能够被去除。

pH 对去除极性有机物的影响比较大。因为 pH 能够改变有机物的极性或存在形式，影响其吸附特性。添加表面活性剂有助于有机物从土壤表面脱附，保持在孔隙水流中，提高有机物的浸出率，但是表面活性剂的极性也可能导致电动力学现象进一步复杂化，改变电渗析流的方向和速率。

最新的发展趋势是将电动力学修复技术与其他技术相结合，强化电动力学修复。电动力学修复技术与现场生物修复技术优化组合，用于现场降解、去除土壤和地下水中的有机污染物。在这种技术组合中，电动力学修复技术可以克服水力输送的缺点，有效地将营养物质输送至土壤微孔中去，或者将微生物输送至污染区域，从而促进微生物的生长，提高其降解土壤有机物的效果。

(三)电动力学修复技术修复重金属污染土壤的影响因素

1. pH 的影响

土壤的 pH 变化对电动力学修复影响很大，pH 影响着重金属的氧化还原、吸附脱附、沉淀溶解、表面电荷和电渗析流的方向，还影响土壤表面 Zeta 电位。

2. Zeta 电位的影响

土壤中 Zeta 电位影响电渗速率，因此也影响重金属在土壤中的迁移速率。电动力学修复技术修复过程中 Zeta 电位升高，可提高修复的效率。

3. 土壤温度的影响

电动力学修复技术修复过程中，电流过大会产生一定的热量，导致土壤的温度升高，影响电迁移和电渗过程，进而降低修复效率，因此在电动力学修复技术重复试验中，选择最佳的电流密度，减少电流带来的热效应的影响，可提高重金属污染物的去除率。

4. 土壤理化性质的影响

影响电动力学修复技术修复的土壤理化性质主要包括土壤黏土矿物和土壤孔隙率。土壤黏土矿物具有胶体性质，可影响阳离子交换量，进而影响修复效率。这是因为具有较大阳离子交换量的黏粒可使重金属的解析受阻,从而降低其去除率。土壤孔隙水电解产生的氢离子可与土壤表面接触,促进被吸附重金属离子的解析,但孔隙过大,氢离子与土壤表面接触减少,可导致被吸附的重金属不能完全解析。

5. 土壤含水率的影响

电动力学修复技术修复中土壤含水率必须达到一定值,过低会造成修复效果不明显。

6. 电极材料的影响

不同的电极材料、电极材料的形状及电极的排列都会对修复效果产生影响,不同的电极材料会影响其在修复过程中的电场分布、放电速率。

(四)技术应用中出现的一些问题

1. 酸性带迁移

在修复过程中,阳极上水的电解反应使得阳极附近 H^+ 浓度增加,pH 下降,从而形成了酸性带。在外加电场的作用下,酸性带通过电渗析流、扩散流和水平对流从阳极向阴极迁移。随着酸性带的迁移,土壤的pH 下降,虽然这有利于重金属离子溶解,但如果 pH 过低,会使土壤的Zeta 电位变化到零电位,甚至改变符号,这样会导致电渗析流减弱或变向。为了修复过程的进行,必须增大电压以保持一定的电渗析流,从而能耗加大、修复成本增加。

2. 土壤 pH 控制

在修复过程中,阴极上的电解反应使得阴极附近 OH^- 浓度增加,pH 上升,从而形成碱性带。在外加电场的作用下,碱性带也通过电渗析流向阳极迁移。在碱性环境中,重金属离子易形成不溶沉淀物。重金属沉淀吸附到土壤颗粒上不随电渗析流迁移,为了过程的进行,有必要向土壤中加入酸。加入酸的不利之处是,会引起土壤酸化。目前无法确定土壤恢复酸碱平衡所需时间。此外,加酸也会影响土壤的 Zeta 电位,导致电渗析流减弱或变向。

3. 极化问题

通过大量的电动力学实验,发现了 3 个导致电流降低的极化现象:活化极化、电阻极化和浓差极化现象。

(1)活化极化

电极上水电解产生的气泡(氢气和氧气)会覆盖在电极表面,这些气泡是良好的绝缘体,从而使电极的导电性下降,电流降低。

(2)电阻极化

在电动力学过程中会在阴极上形成一层白色膜,其成分是不溶盐类或杂质。这层白膜吸附在电极上会使电极的导电性下降,电流降低。

(3)浓差极化

电动力学过程中 H^+ 向阴极迁移,OH^- 向阳极迁移的速率缓慢(其速率总小于离子在电极上放电的速率),从而使得电极附近的离子浓度小于溶液中的其他部分。如果酸碱没有被及时中和,就会使电流降低。

(五)实际应用中的常用技术手段

1. 极性交换技术

极性交换技术是在特定的时间间隔改变极性,使阳极产生的氢离子和阴极产生的氢氧根离子中和,防止碱性带和酸性带形成。极性交换能提高电流密度和修复效率,但其切换电极的周期难以控制,且随着修复的进行,产生的氢离子和氢氧根离子也会减少,切换电极的周期将不再适合。

2. 逼近阳极技术

逼近阳极技术是一种新型的电动力学修复技术,修复前在土壤中距离阴极不同处分别插入一系列电极,随着修复的进行,重金属离子在电场的作用下不断向阴极迁移,当阳极附近的重金属离子浓度达到修复要求时,切换工作阳极,以此类推。该技术的优点是修复效果好,可降低能耗;缺点是阳极移动距离和时间难以控制。

3. 注入缓冲溶液技术

注入缓冲溶液技术是为了控制 pH 的变化而往阴阳电极区加入缓冲

溶液,特别是控制阴极 pH 的变化。在缓冲液的选择中,柠檬酸由于其良好的生物降解性、重金属离子络合性、极好的溶解性、安全无毒性,常被用作调节 pH 的缓冲溶液。注入缓冲溶液的优点是能很好地控制体系的 pH,增加离子强度,提高电流密度,可络合重金属促进其迁移,提高修复效率;缺点是需要的缓冲溶液量会变化,只能靠经验加入。

电动力学修复技术在处理土壤重金属污染方面有很好的效果及很多优点,但是其应用效果取决于土壤中重金属离子的溶解与沉淀程度,在实际应用中为解决这些问题可能会引起土壤酸化,发生反应产生新的污染。今后电动力学修复重金属污染土壤技术研究工作应着重开发新的电动力学修复装置,提高修复效率,更多地开展电动力学修复重金属污染土壤技术的现场研究,并结合实际问题研究修复工艺,使电动力学修复技术形成工业化模式,更好地修复受污染的土壤。

六、玻璃固化修复技术

玻璃固化修复技术包括原位玻璃固化修复技术和异位玻璃固化修复技术两种。其原理是对土壤固体组分(或土壤及其污染物)进行 1600～2000℃的高温处理,使有机物和一部分无机化合物如硝酸盐、磷酸盐和碳酸盐等得以挥发或热解从而从土壤中去除。

玻璃固化修复技术是一种固化/稳定化的方法,它使用强大的能源在极高的温度(1600～2000℃)下“熔化”土壤或其他土质材料,固定大多数无污染无机物并通过热解破坏有机污染物。在此过程中,最初存在于土壤中的大部分污染物挥发,而其余的污染物转化为具有化学惰性、稳定的玻璃和结晶产物。高温会破坏任何有机成分,产生很少的副产物,诸如重金属和放射性核素之类的无机物实际上被掺入玻璃结构中,该结构通常坚固、持久,并且不宜淋洗。

玻璃固化修复技术有三种主要的玻璃化工艺:

(1)电化过程:通过插入地下的石墨电极原位施加电能。

(2)加热过程:需要外部热源和典型的反应器。

(3)等离子体工艺:可通过放电达到 5000℃。

(一)原位玻璃固化修复技术

原位玻璃固化修复技术起源于 20 世纪五六十年代核废料的玻璃固化处理技术,近年来推广到土壤修复中。它是指通过向污染土壤插入电极,对污染土壤固相组分给予 1600～2000℃ 的高温处理,使有机污染物和一部分无机化合物如硝酸盐、硫酸盐和碳酸盐等得以挥发或热解从而从土壤中去除。其中,有机污染物热解产生的水分和热解产物由气体收集系统进行进一步处理。熔化的污染土壤冷却后形成化学惰性的、非扩散的整块坚硬玻璃体,有害无机离子得到固定。

此技术适用于含水量较低、污染物深度不超过 6m 的土壤。

原位玻璃固化修复技术的影响因素如下:

(1)埋设的导体通路。

(2)质量分数超过 20％ 的砾石。

(3)土壤加热引起的污染物向清洁土壤的迁移。

(4)易燃易爆物质的累积。

(5)土壤或者污泥中可燃有机污染物的质量分数超过 5％～10％。

(6)固化的物质可能会妨碍今后现场的土地利用与开发。

(7)低于地下水位的污染修复需要采取措施防止地下水反灌。

(8)湿度太高会影响成本。

(二)异位玻璃固化修复技术

异位玻璃固化修复技术指使用等离子体、电流或其他热源在 1600～2000℃ 的高温熔化土壤及其中的污染物,使有机污染物在高温下被热解或蒸发去除,有害无机离子则得以固定化,产生的水分和热解产物由气体收集系统进行进一步处理。熔化的污染土壤冷却后形成化学惰性的、非扩散的整块坚硬玻璃体,有害无机离子得到固定。

异位玻璃固化修复技术的影响因素如下:

(1)需要控制尾气中的有机污染物以及一些挥发的重金属蒸气。

（2）需要处理玻璃固化后的残渣。

（3）湿度太高会影响成本。

七、热解析修复技术

热解析修复技术是一项新兴的非燃烧土壤修复技术，它是利用直接或间接加热的方式将有机污染土壤加热至污染物沸点以上，使其转变成气态从而与土壤分离，放出的气态污染物再进行分离处理，防止污染大气。其过程为物理分离过程，会破坏土壤的性状。它的修复周期短、效率高、效果好、成本低、操作灵活、稳定。

（一）热解析定义与原理

热解析是指采用直接或间接热交换方式，将有机污染物质加热到足够高的温度，使其蒸发并从受污染介质中分离出来的过程。空气、燃烧气体或惰性气体被作为蒸发污染物质的交换介质。热解析系统是将污染物质从一相向另一向转移的一系列物理分离过程的组合。热解析不同于焚烧，因为有机污染物的分解不是其预期目的。热解析系统所采用的预定温度和停留时间将有选择地蒸发目标污染物质，而不是将其分解或氧化。通常采用处理前后污染物浓度水平的对比来衡量热解析系统的性能和污染物去除水平。不同的热解析系统的工作温度有所不同，根据各种不同的系统的实践经验，通常的工作温度范围为将受污染介质加热至 $149\sim538℃$。根据工作温度范围不同，热解析系统又分为低温热解析系统（工作温度 $14\sim316℃$）和高温热解析系统（$316\sim538℃$）。

（二）热解析修复技术工艺路线与系统组成

热解析修复技术的工艺流程分成两部分：第一部分是加热污染物料，将挥发性和半挥发性有机污染物质挥发出来；第二部分是处理挥发尾气，防止挥发性污染物质污染大气环境。

热解析修复技术有多种分类方法，各种处理系统彼此设备各不相同。热解析修复技术按进料方式分为连续进料式和间歇进料式两大类，其中连续进料式按加热方式不同又可进一步分为直接加热式(如回转窑)和间接加热式(回转窑和螺旋输送器一体化)。间歇进料式也可分异位修复和原位修复：原位修复指原料就地处理,处理前不需要开挖土壤,有热覆盖法、热井法和强化土壤蒸汽气提法等;异位修复法有加热炉和热气提法。另外,按热解析修复设备是否可移动又可分为固定式热解析修复技术和移动式热解析修复技术。间接加热移动式热解析修复技术由于其灵活性较强、处理量大(25t/h 以上),较受市场欢迎,对有机物的去除率可达99%以上。

热解析修复技术主体设备由如下几个部分组成:进料系统、处理系统、控制室和附属装置,其中处理系统和控制系统是核心部分。

将污染土壤从原地块挖掘出来,经矿石筛筛选后通过传送带送往厌氧式热解析炉进行热解析,加热燃料采用丙烷气、天然气或柴油与助燃空气混合后通入热解析炉,热量通过一系列的燃烧器提供给厌氧式热解析炉。炉有两个腔,燃烧气体加热,旋转解析炉外部,通过圆筒壁传热给炉内土壤。燃烧气体不能进入厌氧式热解析炉内部接触原料,通过两个堆栈直接排出。采用间接加热,可以大大降低要处理的工艺气体量。

处理后的高温土壤经由一个耐高温螺旋输送机通过双重倾翻阀(气塞)离开厌氧式热解析炉。该气塞确保维持厌氧式热解析炉内部的缺氧条件。经过热解析处理后,土壤从炉内排到混合搅拌器。土壤在混合搅拌器内与水结合,以防止扬尘,加速冷却,同时保护设备和人员。接着螺旋输送机把冷却了的土壤转移到存储区域。

过程中,气体离开厌氧式热解析炉时的温度通常介于 43～540℃,废气流速可达到 30～40m3・min−1。气体通过一个机械收集器离开厌氧式热解析炉可以去除 50%～60% 的灰尘,所收集的灰尘通过空气密封阀进入土壤冷却系统而被去除。气体经过机械采集器后,再经过预洗涤器,用水冲刷以降低温度,并去除大部分油及其余的颗粒物质。此时高温气体温度降低到 90℃以下,再通过文丘里洗涤器进一步洗刷,气温可降低至 55℃以下,残留颗粒物几乎全部被去除。为了提高污染物的去除效率,在文丘里洗涤器后面设置了一个除雾器。在低于 55℃ 的温度范围内,所有的碳氢气体和挥发性重金属气体已经被浓缩出来。最后用活性炭、生物过滤器或在厌氧式热解析炉内热氧化去除掉挥发性冷凝物中存在的气体。

水处理装置用于分离过程中的油—水—固态混合物,从蒸汽回收单元出来后有三个独立流:油、水和固体。为进一步利用洗涤系统中冷却工艺的用水,流程中的混合物在进入油水分离器进行更精细的分离之前先经过一个拦截机的初级分离,对污泥和油分别进行收集。然后将混合物输送到搅拌槽进行混合,再经油水分离器将油、污泥、水分开,再次对污泥和油分别进行收集,并将处理水经内混合器混合后送入下一个处理单元。最后通过热交换器将处理水中的热量吸收掉,一部分直接排放,一部分作为工业循环水用作洗涤蒸汽与土壤混合。

连续给料式热解析修复技术采用异位处理方式,即污染物必须从原地挖出,经过一定处理后加入处理系统。连续给料式热解析修复技术既可采用直接加热方式,也可采用间接火焰加热方式。代表性的连续给料式热解析修复技术包括:直接接触热解析系统—旋转干燥机;间接接触热解析系统—旋转干燥机和热旋转。

批量给料式热解析修复技术既可以是原位修复,如热毯系统、热井和土壤气体抽提设备;也可以是异位修复,如加热灶和热气抽提设备。

系统设计及其考虑因素如下:

(1)修复处理过程:土壤性质、温度、气流。

(2)系统设计及性能:各处理单元参数。

(三)应用热解析修复技术应考虑的问题

1. 水分含量

过多的水分含量会增加操作费用,因为水在处理过程中的蒸发也需要燃料。在处理尾气中加入水蒸气导致低的产废率,因为水蒸气也要同尾气和解析下来的污染物一道进入处理设备中进行处理。低的产废率可归因于过高的气流、热输入的限制。

2.土壤粒径分布与组成

确定土壤质地粗细的临界点是粒径大于或小于 0.075mm（200 目筛）所占的百分比。如果超过半数的土壤颗粒大于 0.075mm，认为土壤质地是粗的，如果超过半数的土壤颗粒小于 0.075mm，认为土壤质地是细质土壤。

3.土壤渗透性与可塑性

土壤渗透性影响着将气态化的污染物引导出土壤介质的过程，黏土含量高或结构紧实的土壤，渗透性比较低，不适合利用热解析技术修复污染土壤。土壤可塑性指的是未经修整的土壤的变形程度：土壤均一性、热容量和污染物与化学成分。

八、冰冻修复技术

土壤冰冻修复技术是指通过适当的管道布置，在地下以等距离的形式围绕已知的污染源垂直安放，然后将对环境无害的冰冻溶剂送入管道冻结土壤中的水分，形成地下冻土屏障，防止土壤或地下水中的污染物扩散。

冷冻剂在工程项目中的应用已经非常广泛，应用时间也比较久。在隧道、矿井及其他一些地下水工程建设中，利用冷冻技术冻结土壤，以增强土壤的抗载荷能力，防止地下水进入而引发事故，或者在挖掘过程中稳定上层的土壤。

通过将土壤温度降低到 0℃ 以下冻结土壤，形成地下冻土层以容纳土壤或者地下水中的有害和辐射性污染物，是一门新兴的污染土壤修复技术。冰冻修复技术可以用于隔离和控制饱和土层中的辐射性物质、金属和有机污染物的迁移。

（一）冰冻修复技术的优点

冰冻修复技术具有如下优点：

（1）能够提供一个与外界相隔离的独立的"空间"。

（2）其中的介质（如水和冰）是对环境无害的物质。

(3)冻土层可以通过升温融化而去除。

如果冻土层屏障出现破损,泄漏处可以通过原位注水加以复原。

(二)冰冻修复技术的一些限制条件

冰冻修复技术的一些限制条件如下:

(1)需要安装供电设备作为动力。

(2)冰冻修复技术用于污染土体的体积较大,不利于一般性污染土壤的修复,并且溶解性的污染成分可能会对饮用水源产生危害作用。

(3)制冷剂极其有害成分的泄漏,仍然是人们比较关心的问题,制冷剂流失到环境中会造成环境污染。

(4)在适当的能够均匀引入水分使干燥土壤中水分达到饱和的技术形成之前,冰冻土壤修复技术尚不能应用在干燥/沙质土壤环境下。

(5)在构筑物(地下池槽等)周围的细质土壤中应用时,必须考虑土壤中水分运动的影响,这会进一步限制这一技术的应用。

(6)在受低凝固点污染物(如三氯乙烯等)污染的场所,需要较昂贵的制冷工艺(如液氮制冷)来形成冻土层。

(7)安装制冷管道需要非常细心,以保证冻土层屏障的完整性。

第二节　污染土壤化学修复技术

一、化学修复技术特点

化学修复技术的机制主要包括沉淀、吸附、氧化-还原、催化氧化、质子传递、脱氯、聚合、水解和 pH 调节等。其中,氧化-还原法能够修复包括有机污染物(主要是具有芳香环、稠环结构的有机污染物,强共轭和环取代有机污染物)和重金属在内的多种污染物的土壤,它主要是通过氧化剂和还原剂的作用产生电子传递,从而降低土壤中存在的污染物的溶解度或毒性。

化学修复剂的施用方式多种多样,主要有以下几种:

（1）水溶性的化学修复剂，可以通过灌溉的方式将其浇灌或喷洒在污染土壤的表层，或者通过注入的方式将其灌入亚表层土壤中。试剂施用过多会产生不良的环境效应，这样就需要对所施用的化学试剂进行回收再利用。

（2）土壤湿度较大且污染物质主要分布在土壤表层，则适合使用人工撒施的方法。为保证化学稳定剂能与污染物充分接触，人工撒施之后还需要采用普通农业技术（例如耕作）把固态化学修复剂充分混入污染土壤的表层，有时甚至需要深耕。

根据作用原理不同，化学修复技术主要包括化学氧化修复技术、土壤淋洗修复技术、溶剂浸提修复技术、化学固沙/稳定化修复技术等。下面将对这些技术进行逐一介绍。

二、化学氧化修复技术

化学氧化修复技术主要是向污染环境中加入化学氧化剂，依靠化学氧化剂的氧化能力，分解破坏污染环境中污染物的结构，使污染物降解或转化为低毒、低移动性物质的一种修复技术。与化学修复技术的其他修复技术相比，化学氧化技术是一种快捷、积极，对污染物类型和浓度不是很敏感的修复技术。

利用化学处理技术，通过化学修复剂与污染物发生氧化、还原、吸附、沉淀、聚合、络合等反应，使污染物从土壤中以分离、降解、转化或稳定成低毒、无毒、无害等形式或形成沉淀除去。化学修复剂与污染物的相互作用能有效降低土壤中污染物的迁移性和被植物吸收的可能性，避免其进入生态循环系统。

化学氧化修复技术具有二次污染小、修复污染物的速度快这两大优势，能节约修复过程中的材料、检测和维护成本。另外，化学氧化修复技术具有药剂投放方式多样、治理方案灵活性高等特点，可根据场地实际情况需要因地制宜调整优化。因此，化学氧化修复技术被广泛应用。

化学氧化修复技术主要包括化学还原法、还原脱氯法、化学淋洗法等。化学还原法和还原脱氯法主要用于分散在地表下较大、较深范围内的氯化物等对还原反应敏感的化学物质,将其还原、降解;化学淋洗法则对去除溶解度和吸附力较强的污染物更加有效。究竟选择何种修复手段,要依赖于仔细的土壤实地勘察和预备试验的结果。

由于污染场地的复杂性,不同地质地理环境对氧化剂的选择性不同,化学氧化的理论研究与实际应用存在一定的不匹配性。氧化剂的氧化能力(氧化剂类型、相对氧化强度、标准氧化势)、环境因素(pH、反应物浓度、催化剂、副产物及系统杂质等)对于化学氧化速率及修复效果都起着至关重要的作用。

因此,这里将通过介绍四种常用的化学氧化剂(高锰酸盐、过硫酸钠、过氧化氢和臭氧)的适用条件、适用范围等特征,分析不同化学氧化处置方法对不同污染场地的适应性及选择性。它们对于有机污染物具有较好的去除效果。另外,过氧化钙(CaO_2)、过氧化镁(MgO_2)、过碳酸钠($2Na_2CO_3 \cdot 3H_2O$)和高铁酸钾(K_2FeO_4)也有一定的修复效果,但是应用较少。不同的氧化剂对不同的污染物的去除效果不同,在地下环境存在的时间也不同,如 $KMnO_4$ 和未活化的 $Na_2S_2O_3$ 具有较好的稳定性,因此可以用于渗透性较差的土壤。H_2O_2 和活化 $Na2S2O8$ 反应时间较短,适用于渗透性较好的土壤。

(一)高锰酸盐

化学氧化修复中所使用的高锰酸盐一般为高锰酸钾($KMnO_4$)和高锰酸钠($NaMnO_4$)。高锰酸钾是固体晶体,通过与一定比例的水混合,可获得浓度不高于 4% 的溶液,但其固体本质使得高锰酸钾的传输受限。高锰酸钠通常为液态(浓度约为 40%),经稀释后应用。高锰酸钠的高浓度赋予其更高的灵活性,但是高锰酸钠的高反应活性还可能与土壤中高浓度的还原剂发生氧化还原放热反应进而产生一定的毒害作用。

虽然高锰酸盐氧化剂具有高稳定性和高持久性的优势,但不适用于氯烷烃类污染物,如 1,1,1-三氯乙烷等污染物。因为饱和的脂肪族化合物不含有可用的电子对,因此不容易被氧化。对于含有碳碳双键(—C

＝C—）的不饱和脂肪族化合物，因其具有更多的可用电子对，所以高锰酸盐氧化剂对其具有很高的氧化效率，但芳香族化合物除外。当芳环或脂肪链上含有取代基（如—CH3 或—Cl 等）时，双键键长增加，稳定性降低，氧化反应的活性增强。与大多数氧化剂相同，高锰酸盐氧化不具选择性，当其用于土壤修复时，除了将污染物氧化外，也会氧化土壤中的天然有机质。

此外，高锰酸盐在污染土壤处理中的应用还有诸多限制：

（1）对于含氯有机物（如氯苯、氯烷、三氯乙烷等）的氧化有效性差。

（2）氧化还原反应生成 MnO_2 沉淀，降低下表面的渗透性。

（3）由于微环境的 pH 及氧化态的改变，金属移动性增加，毒性增强。

（4）高锰酸钾能引起粉尘危害。

（5）高锰酸盐氧化酚类化合物时消耗量过大。因此，应结合实际环境因地制宜地选用。

（二）过硫酸钠

过硫酸铵的溶解性强于过硫酸钠，但由于过硫酸铵溶解时会产生氨气，因此在土壤化学氧化修复中，选用过硫酸钠作为氧化剂。过硫酸根离子是一种强氧化剂，氧化性强于 H_2O_2。其氧化性受过硫酸根浓度、pH 及氧含量影响，并且反应能生成过氧化氢及过硫酸氢根离子。

加热或添加 Fe^{2+} 能促进激发态硫酸基（—SO_4·）的生成，显著增加过硫酸盐的氧化强度。—SO_4·是分子碎片，具有孤电子对，虽然生命周期短，但具有极强的反应活性，其氧化效应相当于由臭氧或过氧化氢激发出激发态羟基（—OH·）。—SO_4·可引发链传递或链终止反应，链传递反应能产生新的激发态自由基，而链终止反应则不能。

此外，还可通过增加溶液的 pH 来激发—SO_4·的产生，因为在碱性环境中，—OH 能与微环境中其他激发态物质反应产生—OH·。

当污染物为氯代烷烃时，Fe^{2+} 的催化有效性较低，但创造碱性条件能显著促进过硫酸盐对氯代烷烃的氧化去除。由于溶解态的 Fe^{2+} 在土壤中的传输受限，且在与 $S_2O_4^-$ 的反应过程中自身损耗，因此 Fe 的催化能力随着时间和距离的增加而降低。可通过 Fe 的螯合来增加 Fe 的溶解性和寿命。过硫酸盐能与软金属（如铜、黄铜等）发生反应，因此，污染土壤修复工程所用的装置和材料应能抵抗过硫酸盐腐蚀，比如采用不锈钢、高密度聚乙烯或 PVC 等。对于所有的氧化剂，在实地实施前都应进行预试验，确定氧化剂的最佳投加量。对于重金属污染物，还应注意，随着微环境氧化势及 pH 的改变，金属的存在状态及移动性会改变。

（三）过氧化氢/芬顿反应

过氧化氢（H_2O_2）/芬顿反应与过硫酸盐类似，H_2O_2 不需要催化剂即可独立氧化污染物，但是当 H_2O_2 的浓度低于 0.1% 时，对于许多危险有机污染物的降解效率不高。在 H_2O_2 氧化体系中添加 Fe^{2+} 后，能促进 $OH\cdot$ 的生成，显著提高 H_2O_2 的氧化强度，并且链反应激活，生成新的自由基。这类由 Fe 作催化剂，H_2O_2 为氧化剂，在 pH 为 2.5～3.5 间发生的催化氧化反应被称为芬顿反应。芬顿反应中，H_2O_2 的初始浓度为 $3\times10-4mol\cdot L-1$，Fe^{2+} 被氧化为 Fe^{3+}，当 pH<5 时，Fe^{3+} 还原为 Fe^{2+}，继续作为催化剂激活链反应，生成 $OH\cdot$。

当 H_2O_2 过量时，链反应过程能产生许多自由基，因此会提高污染物的去除率，并且相比于母体化合物，链反应中生成的中间产物容易被生物降解。

在芬顿反应中有一类重要的副反应如下：

首先，该反应需要大量消耗活性 Fe。因此，需要通过降低体系环境的 pH 或加入螯合剂，最大限度地增加可利用的 Fe^{2+}，阻止副反应对体系的影响。可通过加酸调节至 pH 为 3.5～5.0，常用的酸类如 HCl 或 H_2SO_4 都适用，但是有机酸的副反应趋势大，会增加不必要的土壤有机组分，不予采用。在反应条件下，仍然不可控制 H_2O_2 在地下层面发生反应，引起热量散发。H_2O_2 的浓度越高，破坏性越强。即使在混合环境条件下，挥发性物质也可能挥发进地下。因此，必须采取适当措施利用 H_2O_2 反应所释放的热量。其次，碳酸根离子和金属化合物能与羟基自由基发生反应，引发链终止反应，进而引起氧化剂的需求量增加。在体系设置中,需考虑以上两方面的影响。

此外,使用 H_2O_2 作氧化剂时,还需考虑以下几点因素的影响:

(1)低 pH 条件,H_2O_2 能将土壤中的金属溶解,同时增加地下水中金属的浓度;当 H_2O_2 的添加浓度高于 10% 时,将产生热量。

(2)存在污染气体产生和挥发的可能性。

(3)碳酸根离子对羟基自由基及氢离子的需求量巨大。

(4)在实际注入前应计算出体系中各物质的添加量最佳值。

(四)臭氧

臭氧(O_3),20℃ 时的溶解度为 600mg・L－1,是原位化学氧化(ISCO)中常用的氧化剂,实际应用中含 3%～5% 空气和 8%～12% 的氧气,其标准还原电位为 2.07V,氧化能力在天然元素中仅次于氟。O_3 在原位化学氧化过程中通过发生器和空气曝气系统向污染地区注入,与土壤或地下水中的有机分子和无机分子反应生成氧气、OH－・和水。在以 O_3 为基础的原位修复中,一般以两种形式注入,一种是 O_3 气体直接注入,另一种是 O_3 和 H_2O_2 联用。O_3 氧化降解有机物的原理如下:

臭氧可以直接氧化降解有机污染物或者通过产生自由基来降解有机污染物。在直接氧化过程中,O_3 分子通过加成(烯烃类物质)在反应分子上,形成过渡型中间产物,然后再转化成反应产物。

O_3 一般通过原位注射修复,具有以下优点:

(1)O_3 的氧化性较强,与污染物反应较快,与水反应后生成强氧化性的 OH・,能够降解的有机污染物种类较多,如石油类、农药、含氯溶剂、药品(咖啡因、孕酮等)、雌激素类(雌激素酮、雌三醇等)等有机污染物。

(2)O_3 在水中的溶解度较高,为氧气的 12 倍,分解产生的 O_2 可为土壤中的微生物所利用。

其缺点是,O_3 以气态形式注入,在场地原位修复中其传输的纵向和横向距离均有限,不能与地下环境中的污染物充分接触,而且 O_3 的生成装备系统昂贵,操作的安全性要求较高。

由于 O_3 氧化产物的毒性问题导致其实际应用受到限制。由于要在修复现场产生臭氧,因此必须保证修复的安全性。O_3和土壤中的有机物的反应是有选择性的,也不能够把有机物彻底地氧化成二氧化碳和水,经过O_3氧化后的产物一般是羧酸类的有机物,因此,在实际应用中,就需要增加一些土壤预处理技术(如超声技术)或者氧化剂来共同处理。也有报道称O_3氧化有机质后可以促进土壤的生物有效性。

化学氧化处置方法适用于多种环境条件下土壤污染物的去除,但其成功应用有两个关键因素:

(1)试剂的分散性。

(2)氧化剂与污染物的反应活性。

三、土壤淋洗修复技术

土壤淋洗修复技术是指将可促进土壤污染物溶解或迁移的化学溶剂注入受污染土壤中,从而将污染物从土壤中溶解、分离出来并进行处理的技术。土壤淋洗与土壤水洗有所区别。土壤水洗是用清水对污染土壤进行洗涤,将附着在土壤颗粒表面的有机和无机污染物转移至水溶液中,从而达到洗涤和清洁污染土壤的目的。

土壤淋洗的作用机制在于利用淋洗液或化学助剂与土壤中的污染物结合,并通过淋洗液的解吸、螯合、溶解或固定等化学作用,达到修复污染土壤的目的。

土壤淋洗修复技术的实现方式主要分为原位淋洗和异位淋洗,其中异位淋洗又可分为现场修复和离场修复。

原位土壤淋洗修复技术是根据污染物分布的深度,让淋洗液在重力或外力作用下流过污染土壤,使污染物从土壤中迁移出来,并利用抽提井或采用挖沟的办法收集洗脱液。洗脱液中污染物经合理处置后,可以进行回用或达标排放,处理后的土壤可以再安全利用。

(一)技术分类

土壤淋洗修复技术按处理土壤的位置可以分为原位土壤淋洗修复技术和异位土壤淋洗修复技术。

1.原位土壤淋洗修复技术

原位土壤淋洗指通过注射井等向土壤施加淋洗剂,使其向下渗透,穿过污染带与污染物结合,通过解吸、溶解或络合等作用,最终形成可迁移态化合物。含有污染物的溶液可以用提取井等方式收集、存储,再进一步处理,以再次用于处理被污染的土壤。该技术需要在原地搭建修复设施,包括清洗液投加系统、土壤下层淋出液收集系统和淋出液处理系统。在修复过程中,通常需要将污染区域封闭起来,一般采用物理屏障或分割技术。

该技术对于多孔隙、均质、易渗透的土壤中的重金属,具有低辛烷/水分配系数的有机化合物,羟基类化合物,低分子量醇类和羟基酸类等污染物具有较高的分离与去除效率。其优点包括:无须对污染土壤进行挖掘、运输,适用于饱气带和饱水带中多种污染物的去除,适用于组合工艺中。其缺点有:可能会污染地下水,无法对去除效果与持续修复时间进行预测,去除效果受制于场地地质情况等。

2.异位土壤淋洗修复技术

异位土壤淋洗修复技术指把污染土壤挖掘出来,通过筛分去除超大的组分,并把土壤分为粗料和细料,然后用淋洗剂来清洗、去除污染物,再处理含有污染物的淋出液,并将洁净的土壤回填或运到其他地点。

该技术操作的核心是通过水力学方式机械地悬浮或搅动土壤颗粒,土壤颗粒尺寸的最低下限是 9.5mm,大于这个尺寸的石砾和粒子才会较易由该方式将污染物从土壤中洗去。通常将异位土壤淋洗修复技术用于降低受污染土壤量的预处理,主要与其他修复技术联合使用。当污染土壤中砂粒与砾石含量超过 50% 时,异位土壤淋洗技术就会十分有效。而对于黏粒、粉粒含量超过 30%~50%,或者腐殖质含量较高的污染土壤,异位土壤淋洗技术分离去除污染物的效果较差。

一般的异位土壤淋洗修复技术流程为:

(1)挖掘土壤。

(2)土壤颗粒筛分,剔除杂物如垃圾、有机残渣、玻璃碎片等,并将粒径过大的砾石移除。

（3）淋洗处理，在一定的土液比下将污染土壤与淋洗液混合搅拌，待淋洗液将土壤污染物萃取后，静置，进行固液分离。

（4）淋洗废液处理，含有悬浮颗粒的淋洗废液经处理后，可再次用于淋洗。

（5）挥发性气体处理达标后排放。

（6）淋洗后的土壤符合控制标准，进行回填或安全利用。淋洗废液处理中产生的污泥经脱水后可再进行淋洗或送至最终处置场处理。

3. 淋洗剂种类

土壤污染物可以是无机污染物或有机污染物，淋洗剂可以是清水、化学溶剂或其他可能把污染物从土壤中淋洗出来的流体，甚至是气体。常见的淋洗剂有如下几种：

（1）无机淋洗剂

无机淋洗剂是指如酸、碱、盐等无机化合物，其作用机制主要是通过酸解或离子交换等作用来破坏土壤表面官能团与重金属或放射性核素形成的络合物，从而将重金属或放射性核素交换吸解下来，从土壤中分离出来，适用于砷等重金属类污染物的处理。

（2）络合剂

络合剂是指如乙二胺四乙酸、氨三乙酸、二乙烯三胺五乙酸、柠檬酸、苹果酸等，其作用机制是通过络合作用，将吸附在土壤颗粒及胶体表面的金属离子解络，然后利用自身更强的络合作用与重金属或放射性核素形成新的络合体，从土壤中分离出来，适用于重金属类污染物的处理。

（3）表面活性剂

表面活性剂主要指阳离子、阴离子型表面活性剂，通过卷缩和增溶来去除土壤中有机污染物。卷缩就是土壤吸附的油滴在表面活性剂的作用下从土壤表面卷离，它主要靠表面活性剂降低界面张力而发生，一般在临界胶束浓度（表面活性剂分子在溶剂中缔合形成胶束的最低浓度）以下就能发生。增溶就是土壤吸附的难溶性有机污染物在表面活性剂作用下从土壤吸解下来而分配到水相中,它主要靠表面活性剂在水溶液中形成胶束相,溶解难溶性有机污染物,一般要在临界胶束浓度以上才能发生。另外,表面活性剂的乳化、起泡和分散作用等也在一定程度上有助于土壤有机污染物的去除。表面活性剂适用于重金属类和有机类污染物的处理。

除此之外,还有些土壤淋洗工程选用了皂角苷等生物表面活性剂和结合了以上几种淋洗剂的复合淋洗剂等,适用于更多种类的污染物的处理。

(二)存在的问题

在土壤淋洗修复过程中,由于使用了人为添加的化学、生物物质等,土壤质量(如土壤中的微生物含量)可能会受到一定的影响。在土壤淋洗修复后,一般需采用适当的农艺措施加快土壤质量的恢复进程。

采用人工络合剂虽可取得较高的淋洗效率,但这些化学物质难以被生物降解,可能会向地下迁移而污染地下水,需要筛选、选用无毒或毒性较小、易生物降解的淋洗剂来提高淋洗修复技术的可接受性。另外,采用异位土壤淋洗技术便于回收淋出液进行后续处理,能很好地起到降低二次污染的可能性。

在实际情况下,土壤中的污染物可能会在不同的介质中存在,单靠土壤淋洗修复技术不能很好地解决问题,需要结合其他的土壤修复技术,设计更全面的修复工程方案来解决一些实际的污染问题。

在处理某些特殊污染土壤时不能单靠一种治理方法,淋洗修复技术作为污染治理的前处理步骤,具有广阔的应用前景。如在对核污染土壤的治理中,放射性核素或重金属的浓度较大,具有较强的生物毒性,不利于生物处理,经过淋洗技术的预处理,能有效增强之后生物处理的效果。

如何从淋出液中回收利用化学助剂,成为制约土壤淋洗修复技术广泛用于工程实践的一个主要问题;如何降低化学助剂成本及实现土壤淋洗修复技术与其他修复技术的有效组合,会是未来研究的主要方向。土壤淋洗修复技术在未来土壤修复中,具有较为广阔的应用前景。

四、溶剂浸提修复技术

溶剂浸提修复技术是一种利用溶剂将有害化学物质从污染土壤中提取或去除的技术。该技术主要适用于处理挥发和半挥发有机污染物、卤化或非卤化有机污染物、多氯联苯、二噁英、呋喃、多环芳烃、除草剂、农药、炸药等。

溶剂萃取是在20世纪迅速发展起来的一种分离技术。它利用溶质在两种互不相溶或部分互溶的溶剂之间分配性质的不同,来实现液体混合物的分离或提纯。

土壤的溶剂萃取技术属于液—固相萃取的范畴,是向土壤中加入某种溶剂,利用污染物在某些溶剂中的溶解性,将可溶解的污染组分溶解使其进入溶剂相,从而实现污染物与土壤分离的一种异位土壤修复方法。由于溶剂萃取不会破坏污染物,因此污染物经溶剂萃取技术收集和浓缩后,可以回收利用或者用其他技术进行无害化处理,而溶剂则可以利用蒸馏或者其他技术与污染物分离并进行循环利用。

溶剂萃取技术具有选择性高、分离效果好和适应性强等特点,易于实现大规模连续化生产,因此近些年在土壤修复领域成为研究热点。

(一)溶剂萃取过程机理

溶剂萃取技术的运行过程主要分为以下几个步骤:

(1)对土壤进行预处理,除去土壤中的大块石头和植物残骸。

(2)将过筛后的土壤加入萃取设备中,溶剂与土壤经过充分混合接触后,可使得污染物溶解到溶剂中。

(3)将萃取剂与土壤分离。

(4)通过一定的分离手段,使萃取剂与污染物分离,萃取剂可循环使用,污染物经过浓缩后可回收有价值的组分或者进行下一步无害化处理。

(5)处理土壤中的残余溶剂,达到一定标准后,将土壤回填。溶剂萃取过程中的传质机理包括以下步骤:

第一,溶剂通过液膜到达土壤颗粒表面。

第二,到达土壤颗粒表面的溶剂通过扩散进入土壤颗粒内部。

第三,溶质溶解进入溶剂。

第四,溶入溶剂的溶质通过土壤孔隙中的溶液扩散至土壤颗粒表面。

第五,溶质经液膜传递到液相主体。

一般情况下,溶质或者溶剂在孔隙中的扩散往往是传质阻力的控制步骤,因此,随着萃取过程的进行,萃取速率将越来越慢。

(二)适用范围

溶剂萃取技术主要采用"相似相溶"原理,可以根据分离对象的特点(污染物的分子结构和极性)和分离要求选择适当的萃取剂及流程,适用范围较广,可用于多种污染物的去除。溶剂萃取技术的适用范围如下:

(1)对于易溶于水的污染物,可以选择水作溶剂。

(2)对于不溶于水的极性较低的溶质,可以选择低沸点的碳氢化合物,如己烷、戊烷、丙酮、乙醚等。

(3)对于不溶于水的极性较高的溶质,可选用醇类、醚类、酮类、酯类或者混合溶剂。所以,溶剂萃取技术特别适合分离和去除污泥、沉积物、土壤中危险性有机污染物,如多氯联苯、杀虫剂、除草剂、多环芳烃、焦油、石油等。这些污染物通常都不溶于水,而且会牢固地吸附在土壤以及沉积物和污泥中,从而使得用一般的方法难以将其去除,而对于溶剂萃取,只要选择合适的溶剂,则可以有效地溶解并去除相应的污染物。溶剂萃取通常在常温或较低温度下进行,分离所需的能耗低,也特别适用于热敏性物质的分离。

(三)萃取剂的选择

在使用溶剂萃取修复技术修复石油污染土壤的过程中,由于石油污染物成分复杂,筛选出选择性强、去除效率高的萃取剂,成为溶剂萃取技术的关键。近年来,国内外很多学者开展了有关应用溶剂萃取技术处理土壤中有机污染物方面的研究,开发出一系列有机溶剂、混合溶剂和表面活性剂等高效萃取剂。由于当今世界各国对环保的呼声越来越强烈,一些绿色、无毒无污染、易于生物降解的萃取溶剂,如环糊精、植物油和超临界流体成为当前国内外研究人员的研究热点。

1. 有机溶剂

溶剂萃取技术通常用于去除土壤、沉积物和污泥中的有机污染物,一般适用于溶剂萃取技术清除的有机物污染物为多氯联苯、多环芳烃、挥发性有机化合物、卤代有机溶剂和石油产品等。溶剂萃取技术中常用的有机溶剂有三乙胺、丙酮、甲醇、乙醇、正己烷等。

2. 表面活性剂

表面活性剂是指能够显著降低溶剂表面张力和液-液界面张力并具有一定结构、亲水亲油特性和特殊吸附性质的一类物质。表面活性剂可以作为一种添加剂来增加多环芳烃的水溶性,提高溶剂萃取效率。表面活性剂是由极性的亲水基团和非极性的疏水基尾两部分组成的。表面活性剂由于其特殊的结构而易于吸附在两相界面上,使两相间的界面张力降低。

3. 环糊精

环糊精为 D-吡喃葡萄糖单元由-1,4-糖苷键以椅式构象相结合而形成的环状低聚糖。环糊精结构如同一个中空的圆台,外表面有 7 个伯羟基位于空腔的细口端,14 个仲羟基位于空腔的阔口端。空腔内部只有氢原子及糖苷氧原子,具有疏水性,而空腔端口的羟基使环糊精外部具有亲水性。在用溶剂萃取法治理石油污染土壤时,环糊精可以作为有机溶剂和表面活性剂的替代品。因为其特殊的结构,环糊精可以将污染物分子全部或者部分包于其中间的空腔中形成复杂的化合物,而空腔端口的亲水基团可使其溶于水中,这样可以加速多环芳烃在土壤中的脱附,同时由于其具有生物性的特点,可以说是一种无毒无害、易降解的绿色溶剂。

4. 超临界流体

超临界流体是指处于临界温度与临界压力以上的流体。在超临界状态下,流体兼有气液两相的双重特点,既具有与气体相当的高扩散系数和低黏度,又具有与液体相近的密度和对物质良好的溶解能力。特别是在临界点附近,温度和压力的微小变化往往会导致溶质的溶解度发生几千数量级的变化。利用超临界流体的这个性质进行分离操作效果很好,而且过程无相变,萃取速度快,能耗较低。与传统的溶剂萃取法相比,超临界流体萃取是一项具有许多优势的分离技术。常见的超临界流体有二氧化碳、氨、乙烷、丙烷、丙烯、水等。

(四)溶剂萃取的影响因素

1.土壤性质

土壤中石油类污染物的去除率与土壤的性质密切相关,包括土壤质地、土壤有机质含量、土壤含水率等。在砂质土壤中,由于土壤孔隙率大,溶剂扩散进土壤颗粒内部的阻力较小,所以石油污染物比较容易去除,而当土壤粉土和黏土含量较高时,土壤通透性较差,同时由于其比表面积较大,对污染物具有强烈吸附作用,会大大降低污染物的溶出效率。土壤矿物的性质也会影响污染物的吸附,如高岭石对多环芳烃的吸附通常较弱,较易去除。土壤有机质的含量与污染物的吸附量成正比,土壤有机质含量较高时不利于污染物的去除。土壤中的水分含量对石油组分脱除的影响也较大。脱油率随着含水率的增大而不断下降。这是因为随着土壤中含水率的增大,会在溶剂与含油土壤的接触界面处形成一层水膜,减少了液固两相间的接触面积,进而影响到石油污染物从土壤迁移到溶液中的迁移效率。

2.污染物性质及老化时间

一些学者研究发现,石油污染物的性质和老化时间与其去除率密切相关。对原油来说,其组分比较复杂,各组分与土壤结合的紧密程度不同,去除的难易程度也不尽相同。对于饱和芬和芳香芬等轻质组分较易去除,对于胶质和沥青质等重质成分,由于其分子质量大、黏度高,强烈吸附在土壤中,较难去除。而当石油在土壤中老化时间较长时,轻组分挥发,剩余重组分强烈吸附在土壤中,不易除去,老化时间越长越不易去除。

3.萃取剂性质

溶剂萃取修复技术是根据"相似相溶"原理,将石油污染物溶解在溶剂中进而除去的技术。萃取剂的选择直接影响着石油污染物去除率的高低;溶剂的界面张力对萃取操作具有重要影响,界面张力过小,易发生乳化现象,使两相较难分离;溶剂的黏度对分离也有重要的影响,溶剂的黏度低,流动性好,有利于流动与传质。同时,考虑到安全性、经济性和不造成二次污染,萃取剂还应具有化学稳定性、热稳定性,及无毒无害、不易燃易爆。

(五)萃取工艺条件

1.液固比

液固比是指萃取剂的体积与污染土壤的质量之比。在液固比为1：1、2：1、4：1、8：1的条件下,丙酮—乙酸乙酯—水体系对石油烃污染土壤的修复。结果表明,随着液固比的增加,污染物的去除效率增大。增加液固比,可以明显改变污染物在土壤中的脱附平衡常数,但当液固比从6：1增大到8：1时,平衡常数变化不大。因此,液固比的选取要合适,液固比过小,污染物去除效率低;液固比过大,则会增加设备的负荷量,同时也大大增加萃取剂的消耗量和废液产生量。

2.萃取时间

土壤中石油类污染物的去除效率随时间增加而提高,并在一段时间后趋于稳定,达到平衡。因此,萃取时间不宜过长。时间过长,一方面会增加费用,另一方面有可能使油剂形成乳化液,不利于后续废液的处理和回用。

3.强化措施

为了提高污染物的去除效率,一些研究人员在强化措施方面展开了研究,强化措施主要有搅拌和超声处理等。

土壤中石油类污染物的去除效率一般随搅拌强度的提高而提高。这是由于提高搅拌强度一方面能增强土壤颗粒表面之间的摩擦作用,克服土壤颗粒与污染物分子之间的作用力,另一方面能促使萃取剂与污染物充分作用,使污染物更易从土壤中脱附。

近年来,学者在超声辅助萃取方面展开研究,发现超声可击碎土壤颗粒,促使萃取剂进入土壤颗粒内部而发挥作用,显著促进有机污染物从土壤上解析,提高土壤中污染物的去除率。

五、化学固化/稳定化土壤修复技术

化学固化/稳定化土壤修复技术包含了两个概念。其中,固化是指利用水泥一类的物质与土壤相混合将污染物包被起来,使之呈颗粒状或大块状存在,进而使污染物处于相对稳定的状态。固化可以是对污染土壤进行压缩,也可以采用容器将污染土壤进行封装。固化不涉及固化物或固化的污染物之间的化学反应。稳定化是利用磷酸盐、硫化物和碳酸盐等作为污染物稳定化处理的反应剂,将有害化学物质转化成毒性较低或迁移性较低的物质。稳定化不一定改变污染物及其污染土壤的物理化学性质。

化学固化/稳定化土壤修复技术是指防止或者降低污染土壤释放有害化学物质过程的一组修复技术,包括异位固化/稳定化修复和原位固化/稳定化修复,通常用于重金属和放射性物质污染土壤的无害化处理。固化/稳定化修复技术需要将污染土壤与固化剂或稳定剂等进行混合后,投掷于原位或异位进行稳定化处理,原位处理较为经济,处理目标污染物深度可达 30m。

(一)概述

化学固化/稳定化土壤修复技术是指防止或降低污染土壤释放有害化学物质过程的一组修复技术,通常用于重金属和放射性物质污染土壤的无害化处理,简称固化/稳定化技术。固化/稳定化技术既可以将污染土壤挖掘出来,在地面混合后,投放到适当形状的模具中或放置到空地上,进行稳定化处理,也可以在污染土地原位稳定处理。

对重金属污染土壤而言,固化/稳定化技术并没有减少污染物的总量,因此,在环境条件变化时,污染物可能被重新活化。为了达到更好的处理效果,通常把两种技术联合使用,例如在固化技术实施之前常要进行污染物的稳定化。这里的固化/稳定化技术主要是指以化学或物理稳定化为基础的固化技术。能在物理、化学作用下,将具有流动性的浆体变成坚固的石状体,并能胶结其他物料的物质统称为胶凝材料。胶凝材料分为无机和有机两大类别。按照硬化条件不同,无机胶凝材料可分为水硬性和非水硬性两种,其中水泥是最常用的无机水硬性胶凝材料。

常用的胶凝材料可以分为以下 4 类:

(1)无机黏结物质,如水泥、石灰等。

(2)有机黏结剂,如沥青等热塑性材料。

(3)热硬化有机聚合物,如尿素、酚醛塑料和环氧化物等。

(4)玻璃质物质。

由于技术和费用等方面的原因,以水泥和石灰等无机材料为基料的固化/稳定化技术应用最为广泛。

添加剂与水混合不发生硬化,主要通过吸附或改变污染物的化学性质起到稳定污染物的作用。黏结剂由一种或几种胶凝材料组成,也可以含有添加剂,因此黏结剂可以理解为胶凝材料和添加剂的组合体。由于常用于废物的固化处理,黏结剂也常被称作固化剂。

水泥和石灰的水化作用是其凝固和硬化的必要条件,因此影响水化反应的因素都会影响污染土壤固化/稳定化的效果,主要指土壤 pH 特征和土壤物质组成等因素。

(二)修复原理

固化/稳定化技术是用物理—化学方法将污染物固定或包封在密实的惰性基材中,使其稳定化的一种过程。固化/稳定化技术既可以将污染介质(主要包括土壤和层积物等)提取或挖掘出来,在地面混合后投放到适当形状的模具或空地,进行稳定化处理,也可以在污染介质原位稳定处理。相比而言,现场原位稳定处理比较经济,并且能够处理深达 30m 处的污染物。

（三）操作步骤与运用范围

1.操作步骤

固化/稳定化技术操作步骤如下：

（1）中和过量的酸。

（2）破坏金属配合物。

（3）控制金属的氧化还原态。

（4）转变为不溶性的稳定状态。

（5）采用固化剂形成稳定的固体形状物质。

2.运用范围

固化/稳定化修复技术常用于处理无机污染物质，对于半挥发性的有机物质和其他农药杀虫剂等污染物污染的情况适用性有限。

（四）固化/稳定化技术特点

1.技术特点

（1）需要污染土壤与固化剂/稳定剂等进行原位或异位混合，与其他固定技术相比，无须破坏无机物质，但可能改变有机物质的性质。

（2）稳定化可能与封装等其他固定技术联合应用，并可能增加污染物的总体积。

（3）固化/稳定化处理后的污染土壤应当有利于后续处理。

（4）现场应用需要安装下面全部或部分设施：原位修复所需的螺旋钻井和混合设备；集尘系统；挥发性污染物控制系统；大型储存池。

（5）优点：可以处理多种复杂金属废物；费用低廉；加工设备容易转移；所形成的固体毒性降低，稳定性增强；凝结在固体中的微生物难以生长。

（6）缺点或局限性：不能有效去除重金属污染物毒性，不能很好地去除重金属污染物的含量，土壤被破坏，需要大量的固化剂。

2.影响因素

（1）物理机制：水分及有机污染物含量过高，部分潮湿土壤或者废物颗粒与黏结剂接触黏合,而另一部分是未经处理的土壤团聚体或结块,最后形成处理土壤与黏结剂混合不均匀;亲水有机物对养护水泥或者矿渣水泥混合物的胶体结构有破坏作用;干燥或黏性土壤或废物容易导致混合不均。

(2)化学机制:化学吸附/老化过程、沉降/沉淀过程、结晶作用。亲水有机物对养护水泥或者矿渣水泥混合物的胶体结构有破坏作用。

(3)含油或油脂的污染土壤固化/稳定化后,其稳定性较差;污染土壤本身某些组分固定。

(五)固化/稳定化处理流程

1.可行性评价

在对污染土壤进行修复工程前首先要进行可行性评价。可处理性研究通常包括两个阶段:实验室研究和污染场地现场试验。实验室研究是在恒定的温度和湿度环境条件下进行前处理和固化剂选择的小批量试验,用以指导现场试验和处置工程的实施,包括污染样品采集、土壤物理化学性质的分析、修复工艺的确定,从固化体的物理性质和对污染物质浸出的阻力两个方面评价固化/稳定化效果。

2.污染现场小型试验

与实验室研究不同,污染场地的土壤温度和湿度会随着深度的不同而发生变化。固化剂一般呈碱性,发生水化反应时会产生热量,处理大量土壤时,这种放热效应就会被放大,因此现场试验的温度控制很困难。另外,在实验室研究进行过程中,现场土壤的物理化学性质可能发生了一定的变化,因此在进行大型修复工程之前需要对实验室结果进行验证。污染现场小型试验的流程与实验室研究内容大致相同,但现场试验的土壤混合技术更加复杂,需要借助大型机械,因此要求具有较大的空间,且要保证电力设施正常运行。现场养护也容易受到周围环境变化的影响,需要进行保温、保湿处理,防止干湿交替和冻融现象发生。

3.处置工程操作

现场小型试验对实验室研究结果加以修正后,就可以在污染现场开展大型处置工程。在这个过程中,污染土壤与固化剂的充分混合是至关重要的步骤。异位固化/稳定化技术是将土壤从最初污染位置挖掘出来,运输至一个处理系统中实现与固化剂的混合和后续养护。挖掘污染土壤增加了运输成本,并且增大了污染物向周围扩散的可能性,但是异位处置能够很好地控制试剂加入量,保证污染土壤与固化剂的充分混合,比较适合于污染深度较浅的场地。

原位固化/稳定化技术不需要对污染土壤进行搬运,节省了运输费用,减小了土壤有机污染物挥发的可能性。为了实现土壤和固化剂的混匀,通常要利用各种挖掘、钻探和耕作设备,现场条件下需要根据不同的土壤深度选择合适的混合方式。如果污染土壤在挖掘铲能够达到的深度时,就可以采用这种方法。

固化技术具有工艺操作简单、价格低廉、固化剂易得等优点,但常规固化技术也具有以下缺点:固化反应后土壤体积都有不同程度的增加,固化体的长期稳定性较差等。而稳定化技术则可以克服这一问题,如近年来发展的化学药剂稳定化技术,可以在实现废物无害化的同时,达到废物少增容或不增容,从而提高危险废物处理处置系统的总体效率和经济性;还可以通过改进螯合剂的结构和性能使其与废物中的重金属等成分之间的化学螯合作用得到强化,进而提高稳定化产物的长期稳定性,减少最终处置过程中稳定化产物对环境的影响。由此可见,稳定化技术有望成为土壤重金属污染修复技术领域的主力。

第四章 污染土壤植物与微生物修复技术

污染土壤植物修复技术是利用绿色植物的新陈代谢活动来固定、降解、提取和挥发污染土壤中的污染物质,主要以植物忍耐和超量富集某种或某些化学元素的理论为基础,通过种植优选的植物及其根际微生物共存体系,直接或间接地将污染物加工成可直接去除的物质形态或使其变为无害,恢复或重建自然生态环境和植被景观,从而实现对污染土壤的治理,使之不再威胁人类的健康和生存环境。污染土壤微生物修复技术是一种利用土著微生物或人工驯化的、通过基因工程手段获得的具有特定功能的微生物,在适宜环境条件下,通过自身的生长代谢作用,降低土壤中有害污染物活性或将有害污染物降解成无害物质的修复技术。

第一节 污染土壤植物修复技术

污染土壤的物理、化学处理方法通常价格昂贵,并且还容易破坏土壤结构,导致土壤肥力减退。污染土壤植物修复技术是近年来发展起来的土壤污染治理技术。广义的植物修复技术包括利用植物修复重金属污染的土壤、利用植物净化空气和水体、利用植物清除放射性核素和净化土壤中的有机污染物。目前,植物修复技术主要指清洁污染土壤。在清洁污染土壤的类型中,利用超积累植物去除污染土壤中的重金属是植物修复的核心技术。因此,狭义的植物修复技术主要指利用植物清除污染土壤中的重金属。

一、植物修复技术的特点

植物修复技术对土壤环境扰动少，一般属于原位处理，与物理的、化学的和微生物的处理技术比较而言，具有很多不可比拟的优势。植物修复技术的优势有以下几个方面：

（1）利用植物修复技术修复污染土壤，符合可持续发展的理念。植物修复技术以太阳能为驱动力，基本不需要消耗其他能源。

（2）植物修复技术的开发和应用潜力巨大。地球上的植物资源非常丰富，可选植物种类很多，筛选修复植物的潜力巨大。另外，通过转基因等分子生物学技术的支持，还可拓宽或加强植物修复污染土壤的能力。

（3）植物修复技术在修复污染土壤的同时也有利于改善周围生态环境。植物的提取、挥发、降解作用可以永久性地解决土壤污染问题；植物的固化/稳定化技术可增加地表的植被覆盖，使地表长期稳定，防止风蚀、水蚀，减少水土流失；植物的蒸腾作用可以防止污染物质对地下水的二次污染等等。这些作用有利于野生生物的繁衍和生态环境的改善。

（4）在利用植物修复技术修复污染土壤的过程中，植物的生长代谢可以增加土壤有机质含量和土壤肥力，修复后的土壤适合多种农作物的生长。

（5）植物修复技术工艺操作简单、成本低廉，可作为物理、化学修复技术的替代方法。

（6）对富集植物的集中回收处理可减少二次污染，重金属超积累植物中积累的重金属可通过植物冶炼技术进行回收，尤其是贵重金属，创造经济效益。

（7）植物修复过程易于为社会接受。从技术应用过程来看，它是环境可靠的相对安全的技术，不会破坏景观生态，同时植物修复的过程也是绿化环境的过程，因此减少了公众的担心，可以在大面积污染范围内实施。

鉴于植物修复技术的一些特性，其存在以下几方面的问题：

（1）修复植物的正常生长需要阳光、温度、水分、气候、热度、土壤肥力、盐度、酸碱度、排水与灌溉系统等适宜的环境因素,同时也会受到病、虫、草害的影响,同时植物以及微生物的生命活动十分复杂,导致影响植物修复的因素很多,因此存在极大的不确定性。

(2)做好植物修复污染土壤的工作需要多学科协同作业,包括植物学、植物生理学、植物病理学、植物保护学、植物毒理学、作物育种学、作物栽培学、耕作学、微生物学、基因工程和生物技术等各方面的科学技术支持,因此协同作业不到位会对植物修复产生限制。

(3)一种超富集植物通常只能富集一种或两种重金属,土壤中若含有多种重金属且浓度较高,则会导致植物中毒。因此,要对不同污染物种类及不同污染程度的土壤有针对性地选择不同类型的超富集植物,这限制了植物修复技术的应用。

(4)植物修复过程比物理、化学修复过程缓慢,超富集植物的一个生长周期往往需要几周、几个月甚至几年才能完成。修复植物单季生物量积累有限,生物量小,往往要经过几个生长季甚至几年的种植才能达到修复要求,因而修复时间长、效率低。

(5)植物修复技术对污染物形态有要求,只能利用可利用的形态,并且在植物器官涉及的范围内,如植物提取只能在其根系涉及的范围内,对土壤中过深的污染便力所不能及。

(6)随着植物的周期性生长,富集重金属的植物器官会通过落叶、腐烂等途径使重金属元素重新返回土壤中,造成土壤重新被污染,因此须在富集重金属的植物器官返回土壤之前收割,并做无害化处理。

(7)用于修复的植物可能会与当地植物存在竞争,引发生物入侵的生态环境问题。

植物修复技术作为一个新兴的研究领域,虽然在理论、技术上不够成熟,经验也少,但它以巨大的应用潜力日益受到人们的重视。

二、植物修复机制

污染土壤植物修复的机制是利用部分植物在自然生长过程中,通过自身的光合作用、呼吸作用、蒸腾作用和分泌作用等代谢活动,与土壤中的污染物质和微生态环境发生交互反应,从而通过吸收、分解、挥发、固定等过程修复污染土壤。

植物修复技术修复污染土壤的主要机制有这样几种:

(1)植物直接吸收污染物,污染物不经代谢而直接在植物组织中积累。

(2)通过降解将污染物的代谢产物积累在植物组织中。

(3)通过转化将有机物完全转化成无毒或低毒的化合物。

(4)通过植物释放的酶类,将有机污染物分解成毒性较小的有机化合物。

(5)通过植物根际的作用,提高微生物(包括细菌和真菌)的活性,以此促进有机物的降解。

(一)植物富集

植物修复技术对污染土壤的修复是通过植物自身的新陈代谢活动来实现的。在植物的新陈代谢过程中,植物不断地从土壤当中吸收水分和营养物质,同时也伴有对污染物质的吸收、排泄和积累过程,即植物富集,也称为植物吸收或植物萃取。

植物可以广泛地吸收土壤中的污染物,除了有的物种会表现出对某种物质或某些元素的选择性吸收或抗拒外,对大多数物质并没有绝对严格的选择作用,只是对不同的元素表现出不同的吸收能力。

1. 植物吸收和排泄

根部是植物的主要吸收器官,其表面具有非常大的表面积和高亲和性化学元素受体,能特异地吸收无机元素营养,如从其生长介质土壤或水体中吸收水分和矿质元素。在吸收营养元素的过程中,根表面也会结合和吸收许多化学污染物,整个吸收过程包括植物根表面吸收,根表皮细胞膜上运输、排泄,重金属在植株体内运输、转化和富集等。植物的其他器官如叶片,也可以进行吸收作用,但作用很小,且只有当角质层被水湿润的条件下才可以。

植物对污染物质的吸收能力受几方面因素的影响,最主要的影响因素是其本身的遗传机制。除此之外,还与土壤理化性质、根际圈微生物区系组成、土壤溶液中污染物质存在的形态、浓度大小等因素有关。

(1)根表面吸收

植物通常具有较为发达的根系,根系的极大根表面积在吸收土壤中的营养物质的同时,也会吸收环境当中的各种污染物。植物根系表面的吸收是化学物质进入植物体内最重要的途径。但是,由于根系周围土壤中的黏性颗粒、腐殖质等各种微粒物质具有吸附作用,降低了金属物质的可溶性,所以植物根系在土壤中的实际吸收效率比较低。

(2)根表皮细胞吸收

植物根系对重金属污染物的吸收主要是通过根表皮细胞,这个过程是通过根表皮细胞膜上的转运蛋白系统进行的主动运输。植物根系主动运输的调节机制也同样适用于重金属的吸收过程,例如有机酸对重金属的吸收效率有显著的促进或抑制作用,组氨酸、十二烷基磺酸钠、EDTA等多数有机酸有促进吸收的作用;柠檬酸能够阻碍金属离子的吸收,特别是 Al^{3+};降低土壤 pH 会增强金属离子的溶解性,从而提高根系吸收速率。环境中微量除草剂阿特拉津可被植物直接吸收。

另外,根表面吸收机制也可能与螯合离子交换和选择性吸收等物理化学共同作用有关。植物根系对有机污染物的去除效率与有机污染物的亲水性有关,对 BTX(苯、甲苯、乙苯和二甲苯)、氯代溶剂和短链脂肪族化合物等这类中等亲水性有机污染物的去除效率较高。

污染物被根系吸收后有两个去向,一部分滞留在根部,另一部分转移到植物地上部分。其去向与该物质的亲水性有关,易溶于水的有机物较容易进入植物体内,运输到地上部分;疏水有机化合物因为易于被根表强烈吸附,而很难进入植物体内。

(3)排泄

植物作为一个生物体,不断地从自然界中吸收养分进行新陈代谢,那也必然会向自然界中排泄体内多余的物质和代谢废物。植物排泄的主要方式有分泌或挥发,其界限一般很难分清。

植物发挥分泌功能的主要器官是植物的根系,除此之外还有茎、叶表面的分泌腺。在这些组织细胞中,将一些无机离子、酶、激素、糖类、单宁等化合物或一些不再参加代谢的活动物质从原生质体分离,或将原生质体的一部分分开,即分泌现象。

挥发性物质主要通过植物叶片的气孔和角质层中间的孔隙,随水分的蒸腾作用扩散到大气中,但也有少量挥发性物质随分泌器官的分泌活动排出植物体外。

植物排泄的方式主要有三种:

(1)某种物质经过根吸收后进入植物体内,在植物体内运输到叶或茎等地上器官排出去,如高粱叶鞘被发现可以分泌一些类似蜡质的物质,就是一种排泄行为。

(2)某种物质经叶片吸收后,在植物体内运输到根部,通过根部的分泌进行排泄行为,如1,2-二溴乙烷通过烟草的叶片吸收,然后从根部排泄出去。

(3)当植物从自然环境中吸收的污染物达到一定含量,就会对植物产生毒害作用,抑制植物生长甚至导致死亡。这时,植物为了生存,也会通过分泌脱落酸等一些激素,使污染物含量高的器官加速衰老、脱落,以这种排泄方式来减少植株体内的污染物含量。

2.重金属的富集

在正常状态下,植物的吸收、排泄始终是一个动态平衡的过程,进入植物体内的污染物也会随之吸收、排泄,但大多数污染物会因其与植物蛋白质、多肽的高亲和性而在植物组织中积累,使其在植物体内含量不断增加,形成富集现象,这便是修复的基础。

生物富集系数通常用来表示植物对某种元素或化合物的积累能力,即植物体内某种元素的含量与土壤中该种元素含量的比值。

在长期的生物进化中,生长于重金属含量较高的土壤中的植物,可产生适应重金属胁迫的能力。有些植物的适应能力体现在选择性吸收,对重金属元素选择不吸收或少吸收，这类植物可以用作恢复重金属污染土壤植被时的先锋物种。有些植物可以吸收并富集重金属，但将重金属富集在根部，这类植物也可用于重金属污染土壤的治理，但要注意收割时应尽量连根收走。这两种类型的植物都不能被称为超富集植物。

超富集植物是在高浓度重金属的环境中能够正常生长，进行新陈代谢，同时能超量吸收重金属，在植物体内累积，并将其转移到地上部分的特殊植物，也称为超积累植物。因此，超富集植物应同时具有三个基本特征：

(1)植物超富集某种重金属不会对其生长产生毒害作用。

(2)植物地上部分的重金属含量大于其地下部分该重金属的含量。

(3)植物地上部分重金属含量是普通植物同一生长条件下的 100 倍。

对于超富集植物的判定，常用植物地上部分重金属含量作为判断的指标。然而，环境当中各种重金属的背景值不同，因此，对超富集植物的判定浓度也随之不同。超富集植物的超富集也有其饱和值，当植物吸收达饱和状态时，植物对污染物质的富集基本不再增加。

迄今发现的超富集植物有 700 余种，分布于约 50 个科。其中，绝大多数都是属于镍的超富集植物，有 329 种，隶属于爵床科、菊科等 38 个科；铜的超富集植物 37 种，隶属于莎草科、苋科等 15 个科；钴的超富集植物 30 种，隶属于苋科、菊科等 12 个科；锌的超富集植物 21 种，隶属于十字花科、石竹科等 7 个科；硒的超富集植物 20 种，主要分布在菊科、十字花科等 7 个科；铅的超富集植物 17 种，主要分布在十字花科、石竹科等 8 个科；锰的超富集植物 13 种，主要分布在夹竹桃科、卫矛科等 7 个科；砷的超富集植物 5 种，主要分布在裸子蕨科和凤尾蕨科 2 个科；其他超富集植物种类较少。

超富集植物能忍受根系和地上组织细胞中高浓度的重金属，主要是通过植物体内液泡的分子化作用和有机酸的螯合作用降低了重金属的毒性。研究表明，在组织和细胞水平上，重金属都存在区隔化分布：在组织水平上，重金属主要分布在表皮细胞、亚表皮细胞和表皮毛中；在细胞水平上,重金属主要分布在质外体和液泡。重金属进入根细胞之后,以游离金属离子形态存在,当游离金属离子过多就会产生毒害作用,因而重金属可能与细胞质中的有机酸、氨基酸、多肽和无机物等结合,通过液泡膜上的运输体或通道蛋白转入液泡中。但对于超富集植物,重金属被积累在液泡中,不利于其转运到地上部分,所以在超富集植物的液泡膜上,可能存在一些特殊的运输体,可以把液泡中的重金属装载到木质部导管,进而向上运输。

液泡并非重金属的唯一富集部位,如 Cd 可以分布在质外体中;在某种 Ni 的超富集植物中,Ni 主要富集在表皮细胞或绒毛中。Pb、Cu 等这类与细胞壁具有高度亲和力的重金属,在蹄盖蕨属植物中,有 70%～90% 的重金属以离子形式存在于其细胞壁的纤维素、木质素上。对 Cu 来说,叶绿体是重要的分布位点。

超富集植物除可以从土壤环境中吸收积累较高浓度的重金属之外,还需要具有能将根部重金属转移到地上部分的能力,即具有转移系数大于 1 的特征。转运系数也称为位移系数(translocation factor,TF),即植物地上部分某种元素含量与植物根部该元素含量的比值。一般植物根部 Zn、Cd、Ni 的含量比植物地上部分高,而超富集植物则是植物地上部分的重金属含量超过植物根部。

土壤中的溶解态重金属可通过质外体或共质体途径进入根系,大部分金属以离子形态或金属螯合物形式借助于相应的离子载体或通道蛋白进入根系。有研究证实,运输蛋白在金属离子的跨质膜运输中起调控作用,超富集植物能够大量地从土壤中吸收金属离子,可能原因就是其根细胞膜上有更多的运输蛋白。此外,超富集植物对重金属的吸收的选择性很强,一种植株只吸收和积累生长介质中的一种或几种特异性金属,其可能的原因也在于专一性运输蛋白或通道蛋白调控所致。但 Ni 超富集植物布氏香芥(Alysum bertolonii)离体的根系对 Ni、Co、Zn 有相同的积累,说明其根系对金属吸收没有选择性,其对金属的选择性积累可能发生在木质部装载过程中。

(二)植物降解

植物降解是指某些植物通过自身的新陈代谢作用代谢、分解有机污染物，使其转变为小分子物质、毒性降低或完全消失，也称为植物转化。

1. 植物体内酶的作用

植物体能够释放出促进生物化学反应的酶，通过多步催化氧化反应过程，将有机污染物分解成毒性较小的有机化合物。直接降解有机污染物的酶类主要为硝酸盐还原酶、漆酶、脱卤酶、过氧化物酶、谷氨酰胺合成酶和腈水解酶等。如硝酸盐还原酶和漆酶可降解三硝基甲苯(TNT)等废弹药，杨树和茄科植物能从土壤中迅速吸收 TNT，并在体内降解为 2－氨基－4,6－二硝基甲苯，最后转化为脱氨基化合物。脱卤酶可降解三氯乙烯(TCE)，先生成三氯乙醇，再生成氯代乙酸，最终产物为 Cl^-、H_2O 和 CO_2。硝酸盐还原酶、亚硝酸还原酶和谷氨酰胺合成酶的降解能力与植物体内 NO_2^- 的代谢有关。

细胞色素 P450 是由构建膜和可溶态物质组成的一种多功能酶，位于细胞质和分离的细胞器上，能催化氧化反应和过氧化反应，大大增加了植物的脱毒能力。如植物体内 PCBs 的氧化降解，主要是依靠细胞色素 P450 的催化作用。

植物体内还有一种微粒体单氧化酶，能使单环和多环芳烃转化为羟基化合物而被植物体吸收利用。

植物体内酶活性和数量往往有限，因此降解能力也较弱。但是通过基因工程手段，将编码高效降解酶的基因转入特定植株后，可提高植物修复效率。如将人的细胞色素 P450 基因转入烟草后，转基因植株氧化代谢三氯乙烯和二溴乙烯的能力提高了约 640 倍。

2. 植物络合作用

植物络合作用是指重金属离子与植物中对重金属具有高亲和力的大分子结合形成络合。超富集植物体内的有机酸、氨基酸、植物螯合肽(PC)和植物金属硫蛋白(MT)等与重金属络合后，使其以非活性态存在，减少其毒性，同时促进重金属的运输。如柠檬酸盐与金属的络合作用可解除 Ni 对超积累植物叶面的毒害,其他的有机酸化合物,如草酸、苹果酸、氨基酸、芥子油葡萄糖苷等都有解毒功能。

金属结合蛋白(肽)是一类对金属离子具有亲和能力的蛋白质,其具有富含 His、Cys 等氨基酸的结构特征。目前用于重金属修复研究的金属结合蛋白,主要来源于生物体、人工合成和生物文库筛选。植物金属硫蛋白(MT)和植物螯合肽(PC)是目前发现的两种主要重金属结合蛋白,它们与金属离子络合形成复合物,从而降低、富集或消除金属离子对植物细胞的毒性。Cd^{2+}、Pb^{2+}、Cu^{2+}、Zn^{2+}、Ag^+、Hg^{2+} 等很多重金属离子都可诱导 PC 合成,并能与 PC 形成复合物。PC 可存在于根际环境和植物体内,液泡中金属的多价螯合作用,能帮助植物避免重金属中毒。

3. 植物同化作用

有些污染物可以作为植物生长所需营养元素,将其同化到自身物质组成中。一些高等植物如黑麦草,能从土壤环境中大量地吸收苯并芘、苯并蒽、二苯并蒽等致癌性芳香烃类物质作为生长元素。

生物降解污染物的产物可以通过木质化作用同化成为植物体自身的组成部分,或转化成为无毒性的中间代谢物储存在植物细胞中。环境中大多数含氯溶剂和短链的脂肪化合物都是通过这一途径去除的。

4. 羟基化作用

羟基化作用是植物的一个脱毒机制,如除草剂转化形成的烷基基团,羟基化生成尿素可被植物吸收利用。多环芳烃(PANs)在植物体内的转化反应主要是羟基化作用,植物吸收 PANs 后发生氧化降解,芳环上的大部分 C 原子被结合到脂肪族化合物中,变成了低分子量物质,一部分进一步氧化降解,一部分被植物吸收利用。

微粒体单氧化酶可使单环和多环芳烃转化为羟基化合物。在植物体内,这一过程已被苯、萘和苯并芘的氧化所证实。

(三)植物固定

植物固定是通过植物根系沉淀、螯合、氧化还原等多种过程,降低污染物的移动性或生物有效性,并防止其进入地下水和食物链,从而减少其对环境和人类健康的污染风险。重金属污染土壤的植物固化技术,主要目的是对采矿、冶炼厂废气干沉降、清淤污泥和污水处理厂污泥等污染土壤的复垦。适用于植物固化技术修复土壤污染的植株应能够耐受土壤中高浓度的污染物,并且通过根部物理固定、螯合、缔合或还原等作用固定污染物。植物固定机制有以下几种。

1. 物理固定

通过植物根的固着力把包含污染物的土壤固定在原地;通过根的吸附作用,防止污染物风蚀、水蚀和淋蚀等,减少二次污染。

2. 螯合作用

有机物和无机物在具有生物活性的土壤中,不同程度地进行着化学和生物的螯合,这种螯合会降低植物修复的有效性,同时也降低了流失。这种螯合作用,包括有机物与木质素、土壤腐殖质的结合,金属沉淀及多价螯合物存在于铁氢氧化物或铁氧化物包膜上,而这些包膜形成于土壤颗粒之上或包埋于土壤结构的小孔隙之中。螯合作用降低了污染物的活度,降低了溶解态化学污染物在土壤中的流动性,将污染物稳定在污染土壤中,防止污染物在土壤中迁移和扩散,或经空气进入其他生态系统。

3. 缔合作用

缔合作用是指不引起化学性质改变的同种或不同分子间的可逆结合作用。在植物-污染物的土壤环境中,进行着不同程度的化学和生物的缔合作用,如有机物与木质素或土壤腐殖质的结合、植物枝叶分解物和根系分泌物对重金属的固定作用、腐殖质对金属离子的螯合作用、金属沉淀及金属多价螯合物等,从而降低了土壤溶液中污染物的浓度,降低了污染物转移到水体或大气中的可能性。

(四)植物挥发

植物挥发是利用植物的吸收、积累和挥发而减少土壤中一些挥发性污染物,即植物将污染物吸收到体内后将其转化为气态物质,通过叶面释放到大气中,达到减轻土壤污染的目的。植物的蒸腾作用驱动小分子物质在叶片中运输、转化,有的被利用,有的被挥发到大气中。但利用植物挥发去除土壤污染物,应以不构成生态危险为限。

一些植物能在体内将 Se、Hg 和 As 等甲基化而形成可挥发性的分子,释放到大气中去。已有的研究主要是针对易于形成生物毒性低的挥发性有机物的元素 Se 和挥发性重金属元素 Hg 进行的。

(五)植物根际圈作用

植物根际圈以植物根系为中心,以土壤为基质,聚集了大量的生命物质及其分泌物,构成了极为独特的生态修复单元,包括根系、与根系发生相互作用的生物以及受这些生物活动影响的土壤,它的范围一般是指离根表几毫米到几厘米的圈带。生长于污染土壤中的植物首先通过根际圈与土壤中污染物质接触,这些污染物质既包括不能降解的重金属等无机污染物,又包括难以降解的多环芳烃(PAHs)等有机污染物。通过根际圈中的植物根及其分泌物质、微生物、土壤动物等活动与污染物之间进行的酸碱反应、氧化还原反应、络合解离反应、生化反应等作用,可改变重金属的生物有效性和生物毒性,降解有机污染物。根际圈作用在污染土壤植物修复中具有重要地位。

1. 对根际微生物、土壤动物的作用

根系发育的整个表土层形成一个特殊的生态环境,根系从土壤中吸收营养物质的同时,也向土壤释放大量的分泌物和脱落物,增加了土壤有机质的含量,为根际微生物生长提供了有机碳源。这些物质共同促使根际圈微生物和土壤动物大量地繁殖和生长,形成互生、共生、协同及寄生的关系,使得根际圈内的生物量远远大于根际圈外的生物量。当土壤中某污染物浓度增加,植物的响应是增加根际圈的分泌物,从而导致微生物群落数量增加,降解污染物的根际圈微生物基质相对丰度也发生变化。根际圈内增加的微生物没有选择性,证明是由于根区的影响,而非污染物的影响。整体表现为植物通过诱导根际圈微生物群落的代谢能力而获得保护。根际圈微生物群落的组成依赖于植物根的类型、根毛数量、植物种类、植物年龄、土壤类型以及植物根系接触有毒物质的时间等。根际圈作为微生物活动较强的地带,可以加强污染物的降解和转化。

据估计,根系分泌的有机化合物在 200 种以上,主要有以下 4 种类型。

(1)分泌物,细胞在代谢过程中释放出来的有机酸、氨基酸、脂肪酸、酮酸、单糖类、多糖、维生素、乙醇、生长因子、细胞的自分解产物等。

(2)渗出物,细胞中主动扩散出来的 CO_2、C_2H_2、HCO_3、H^+ 等低分子量的化合物。

(3)黏胶质,根生长穿透土壤时的润滑剂,由根冠细胞、未形成次生壁的表皮细胞和根毛等分泌出来的黏胶状物质。

(4)裂解物质,脱落的根冠细胞、根毛、成熟根段表皮细胞的分解产物等。

根系分泌物能够与根际圈微生物发生共代谢或协同作用,从而降解根际圈外的微生物所不能降解的有机物。如在石油污染的水稻田土壤中分离出的微生物芽孢杆菌仅在水稻根系分泌物存在的情况下才能在石油残留物中生长,说明水稻根系分泌物促进了特定的微生物的生长,从而消除石油残留物。

土壤中的微生物的次生代谢产物,对植物根系的分泌既有刺激作用又有抑制作用,会影响根细胞渗透性和根的代谢活动,从而影响根分泌物的组成与含量。

2. 对有机物吸附的作用

植物根系释放的分泌物可增加土壤有机质含量,改变有机污染物的吸附特性,从而促进污染物与腐殖酸的共聚作用,帮助污染物固定。在多环芳烃和矿物油污染土壤中,苜蓿草就具有这种特异的根际效应。同时,这种共聚作用能提高植物对污染物的吸收转运能力,如南瓜、甜瓜等植物根系的分泌物,能与 $2,3,7,8-TC-DD$ 等有机污染物结合,提高污染物在土壤溶液中的溶解度,增强吸收转运效果。

3. 促进植物固定的作用

植物根表具有排斥有毒物质等多种非营养物质进入植物体的作用。一旦有机毒物进入植物根部,它们就可以被代谢或通过分子储存,形成不溶性盐,与植物组分络合或键合,以结晶聚合物的方式固定下来。

通过吸收和吸附作用,根系可在根部积累大量的污染物质,加强对污染物质的固定。植物根系向周围土壤中分泌的有机物,可不同程度地降低根际圈内污染物质的可移动性和生物有效性,改变有毒物质的吸附性和淋溶性。

根系分泌的以多糖为主要成分的黏胶状物质,可与 Pb^{2+}、Cu^{2+}、Cd^{2+} 等金属离子结合,使它们停滞在根外。根系分泌物还可以通过吸附、包埋金属污染物,使其在根外沉淀下来。

4. 对根际环境的作用

(1)植物根具有深纤维根效应,根的深度和分枝的伸展模式会影响根际环境,对根基土壤理化性质的影响很大。植物根系向地下的生长延伸会使土壤产生各种裂缝和根槽,起到增加土壤气体交换的作用,增加土壤氧气含量,使根区的好氧转化作用能够正常进行,同时也有利于土壤中挥发和半挥发性污染物质排出。根际区的 CO_2 浓度一般要高于无植被区的土壤。氧浓度、渗透和氧化还原势也是植物影响的参数。根系的输水性能也为微生物生长提供更为适宜的土壤湿度环境。因此,庞大的深根系统可改善土壤微生物的生存环境,巨大的根表面可增加微生物与污染物的有效接触,根际分泌物可以诱导高分子有机污染物的共代谢,从而加强其生物降解。环境改变还会调节污染物的化学形态,对污染物质起钝化、固定作用。

(2)根系分泌的黏胶会影响土壤微团聚体稳定性、团聚体大小以及分布等。如在种植玉米、豌豆、黑麦的土壤中发现,大小在 $0.25 \sim 9.5$ mm 的团聚体增加。黏胶和聚醛酸中还含有大量羧基等酸性基团,而羧基是非常好的阳离子交换基团,能增加根部质子的释放,使根际阳离子交换量显著增加,根际也有明显酸化作用。

(3)根系分泌的糖类和有机酸具有强化根际硝化细菌活性的作用,能够提高对尿素衍生物的降解效果。有机酸对金属离子具有酸溶解作用,如甲酸、乙酸和苹果酸等有机酸能调节根际 pH,加速土壤根际圈酸化,使难熔态金属污染物的金属离子进入土壤溶液中,提高溶解度,增强生物可利用性。

三、重金属污染土壤的植物修复技术

目前关于无机污染物污染土壤的植物修复主要集中于对重金属的污染修复。重金属与有机物性质截然不同,它不能被生物降解,只有通过植物的吸收、积累从土壤中去除。

(一)植物富集

植物富集是利用超富集植物,吸收一种或几种重金属污染物,特别是有毒金属,并将其转运、储存到植物茎、叶等可收割部位,然后收割茎、叶,经过热处理,微生物、物理、化学处理,去除土壤中重金属污染。如果所富集的元素具有回收价值,还可进行植物采矿。

利用植物富集来修复重金属污染土壤,修复效率主要取决于植物体内重金属的含量和修复植物的生物量。现今发现的生物量最大的超富集植物之一是蜈蚣草,在野外条件下其生物量最高可以达到每平方千米3600t,并且能够富集砷的浓度最高可达 2.3%。

由于超富集植物是在重金属胁迫环境下,经长期驯化得到的,因此往往生长缓慢,生物量较小。超富集植物多为野生型稀有植物,将其移植到某重金属污染土壤时,其生态位低于本土植物,处于竞争劣势。重金属在土壤中的生物有效性低,植物很难吸收,并且难以将重金属由根系转移到地上部分,因此,植物富集在商业化应用方面受到限制。

为了提高植物富集总量,就要提高植物体内重金属的蓄积量和增加植物的生物量,尤其是地上部分的生物量。强化植物富集金属总量的方法主要有以下几种。

1. 化学强化法

重金属在土壤中多以难溶态存在,生物活性非常低,不利于植物吸收、富集。化学强化法可根据土壤的酸度和靶重金属的性质,投加酸性或碱性物质改变土壤 pH,增加重金属的生物有效性。另外,根据污染物和污染土壤的特性,通过添加络合-螯合剂也能够达到强化植物对重金属吸收的作用。

2.微生物强化法

在自然界中,植物常与微生物形成互惠互利的共生关系,这些微生物具有改善植物生活环境,帮助植物吸收营养,提供植物生长激素,增强植物根系吸收和转运能力以及提高植物抗重金属毒性等生物学功能。目前已发现一些能够对植物富集重金属起强化作用的微生物,如根瘤菌、丛枝菌、根真菌、溶磷微生物(指一类可将土壤中磷的不可溶状态转变为可溶状态的微生物)、内生细菌等。接种这类微生物可以增加超富集植物对重金属的吸收,通过根际微生物可以促进植物加速吸收某些矿物质,如铁、锰、锌、镍等。部分微生物对重金属的耐性很强,而且可以使土壤酸化,加强重金属溶出,从而提高重金属的生物有效性。根际内以微生物为媒介的腐殖化作用可能是提高金属可利用性的原因之一,但也可能有屏障作用。

3.物理强化法

向植物根系通入直流电可增加重金属的活性,提高植物对重金属的吸收。电动力学强化的原理包括土壤溶液的电渗析、土壤带电胶体粒子的电泳、带电离子的电迁移以及电解等四方面。另外,静电也对植物吸收重金属有刺激作用。国外已成功利用直流电极,改善靶重金属在土壤中的存在形态,达到强化植物修复的目的。

4.农艺学强化法

采用施肥、轮作、耕作、质地调节等农艺学措施,通过改变土壤重金属的形态和调节植物的新陈代谢,可达到修复重金属污染的目的。通过改善施肥技术可使超富集植物生长旺盛,提高生物量,从而提高植物富集效率。施用酸性或生理酸性肥料或适当使植物缺磷,刺激植物根系分泌有机酸,从而改变重金属形态,提高植物富集效率。水旱作物之间的轮作可以改变土壤的 Eh 值,可改变土壤重金属活性。超积累植物与普通植物之间的轮作也可强化植物修复。土壤耕作方式包括常规耕作和免耕处理,常规耕作的植物吸收重金属都集中在地上部位,且高于免耕处理,而免耕处理的植物吸收重金属则集中在根部,且高于常规耕作。一般土壤质地越黏重,重金属活性就越小;反之,其植物有效性就越高。因此,可利用砂质土来强化植物对重金属的吸收。

总之,植物富集在重金属污染土壤修复中具有技术和经济上的优势,且植物本身对环境具有净化和美化作用。

(二)植物挥发

植物挥发是植物在吸收重金属的基础之上,通过植物的蒸腾作用,将汞、硒等挥发性物质释放到大气当中去。如印度芥菜有较高的吸收和挥发硒的能力,种植 1 年和 2 年后可使土壤中的全硒减少 48% 和 13%。一些农作物,如水稻、花椰菜、卷心菜、胡萝卜、大麦和苜蓿等,也具有吸收、挥发土壤硒的能力。由于植物挥发修复技术只适用于挥发性污染物,所以应用范围很小,并且将污染物转移到大气中,对人类和生物仍有一定的风险,因此其应用受到一定程度的限制。

(三)植物固定

植物固定是利用耐重金属植物降低土壤中有毒金属的移动性,适用于相对不易移动的物质。土壤质地黏重、有机质含量越高,植物固定效果越好。例如香蒲植物、香根草等对 Pb、Zn 具有较强的忍耐和吸收能力,且生长量大,植物吸收重金属后主要在根部积累,因此割除植物时应连根收走。植物固定主要起两个作用:其一,保护污染土壤不受侵蚀,减少土壤渗漏以防止金属污染物淋移;其二,通过金属在根部积累和沉淀或根表吸收来加强土壤中污染物的固定。目前这项技术已在矿区污染修复中使用。然而植物固定只是暂时将其固定在植株体内,并没有彻底将环境中的重金属离子去除。当环境条件发生变化时,金属的生物有效性可能又会发生改变,再次污染环境。因此,植物固定并不是一个很理想的去除环境中重金属污染的方法。

(四)农业措施

在农业生产过程中,不可避免地会施用化肥,不同形态的氮、磷、钾化肥对土壤物理化学性质和根际环境会产生不同的影响,改变土壤重金属的溶解度,特别是在根际土壤中的溶解度,能起到降低植物体内污染物的浓度的作用。因此,可选择合适形态的化肥施用于污染的土壤,以减少重金属对植物体的污染。

在种植作物的时候,选种吸收污染物少或食用部位累积量少的作物。如玉米、水稻对土壤中镉的吸收量较少,因此,在中、轻度污染的土壤上种植这类作物,可明显降低农产品中污染物的含量。

对于中、重度污染区可改种非食用植物,如良种繁育基地;或种植花卉、苗木、棉花、桑麻类等;或改为建筑用地等非农业用地。

四、有机污染物污染土壤的植物修复技术

植物修复技术可用于总石油烃类、氯代溶剂、杀虫剂和农药等有机污染物的治理。植物对有机污染物的修复集中于对有机物的吸收、降解和稳定等方面。20世纪90年代后,开始开展有机污染物的超富集植物及其在植物体内的吸收、转运和在组织中分布等的研究。

(一)植物吸收

植物对位于浅层的土壤有机物的去除率很高。植物对有机物的吸收与有机物的相对亲脂性有关。有机物被植物吸收后,有多种去向,大多数被束缚在植物组织中而不能被生物所利用。如利用胡萝卜吸收污染土壤中的有机物,亲脂性的有机物进入脂含量高的胡萝卜中,收获胡萝卜后焚烧以破坏污染物。

(二)植物挥发

植物挥发是利用植物吸收土壤中的有机污染物后,经木质部转运到叶表而挥发到大气中。例如,杨树等植物可吸收甲基叔丁基醚并将其挥发。甲基叔丁基醚是一种常用汽油添加剂,有极强的水溶性,不易吸附在土壤中,易对地下水等环境产生持久性污染

(三)植物降解

有些植物或其根际微生物能够降解甚至矿化有机污染物,主要是其

中的酶系统在起作用。例如植物根中的硝酸盐还原酶可降解含硝基的有机污染物,脱卤素酶和漆酶可降解含氯有机物。而根际、根组织、木质部液流、茎叶组织中以及叶的表面的微生物群落会进一步提高降解能力。例如,利用植物修复多环芳烃污染的研究结果表明,在有根际的土壤中多环芳烃的降解率明显高于无植物生长的土壤中的多环芳烃。

(四)植物稳定

植物稳定修复在于通过植物的生长改变土壤的结构状态,使残存的游离有机污染物与根结合,增加对有机污染物的多价螯合作用,从而防止污染土壤的风蚀和水蚀。例如将抗逆性强、耐受性高、生长速度快、寿命长的杨树栽植在垃圾场上,可以防止滤液下渗,稳定地面,改善周围环境。

五、放射性污染土壤的植物修复技术

核爆炸以及核反应等过程所产生的核裂变副产物等放射性物质长期存在于土壤中,对人类及生物的健康造成很大的威胁。放射性污染土壤的处理方法有挖掘与填埋、复合剂提取、离子交换、反渗透等。这些方法需要转移污染土体,费时费力,并且成本高昂。有一些植物具有可以吸收土壤中放射性核素并积累的特性,利用这类植物去除放射性核素的方法相对来说更加经济且有效。目前研究较多的利用植物修复的放射性核素主要有 $237U$、$137Cs$ 和 $90Sr$,如桉树苗可去除土壤中的 $137Cs$ 和 $90Sr$。

因此,施加有机酸、化肥、土壤改良剂等方法能改变植物根际微环境的化学和生物学性质,增强土壤中放射性物质的生物有效性,从而提高植物修复效率。如施用铵态氮肥可以在一定程度上提高铯的生物有效性。

第二节 污染土壤微生物修复技术

一、微生物修复技术的特点

(一)微生物修复技术的优点

相比于传统的污染土壤的物理、化学修复方法,污染土壤微生物修复技术具有很多优点。

（1）对环境影响小。利用微生物修复污染土壤，不会破坏植物生长所需要的土壤环境，处理之后土壤的物理、化学、生物性质保持不变，甚至优于原有的土壤状态，如生物培养法只是一个自然过程的强化。

（2）在条件适宜的情况下，微生物可将污染物完全降解为无害的无机物，如 CO_2 和 H_2O 等，不会形成二次污染或导致污染的转移，并且可达到将污染物永久去除的目标。即使有的污染物不能完全彻底降解，也能够最大限度地降低污染物的浓度，如经原位生物治理技术处理后，BTX（苯、甲苯和二甲苯）的总浓度为 $0.05\sim0.10mg\cdot L-1$，甚至低于检测限。

（3）处理形式丰富。原位修复方法、异位修复方法都有很多种方法，可根据污染土壤的具体情况相应选择适合的方法进行修复处理。

（4）应用范围广。微生物可以分解的物质都可以用微生物修复技术处理，如用于修复石油、炸药、农药、除草剂、塑料等各种不同种类的有机污染物污染的土壤，甚至可以处理部分无机污染物污染的土壤。

（5）实际应用性强。土壤污染往往伴随着地下水的污染，微生物修复技术可同时处理受污染的土壤和地下水，并且不受污染面积的限制，小面积或大面积污染均可应用。

（二）微生物修复技术的局限性

微生物修复技术也不是十全十美的，也有其自身的局限性，主要表现在以下几个方面。

（1）微生物降解能力有限，不能降解所有进入环境中的污染物。例如，一些难降解的、不溶性的、与土壤腐殖质或黏粒矿物结合得紧密的污染物，都不能被微生物有效降解。

（2）对土壤性质有要求。这一技术在应用时要详细具体地了解污染地点土壤性质，如在一些低渗透的土壤中可能不宜使用微生物修复技术，因为这类土壤或在这类土壤中的注水井会由于细菌生长过多而阻塞。

（3）专一性较强。因为微生物降解污染物是通过微生物体内相应的酶类发挥作用，而酶具有专一性，因此，某种微生物只能降解某种类型的化合物,当化合物的结构、状态有变化时,同一种微生物的酶就可能不起作用。

(4)受环境条件影响较大。微生物对生存环境有一定的要求,如适宜的温度、氧气含量、水分含量、pH 等,若环境因素不适合微生物生长,微生物的降解就会受到影响。

(5)处理时间长。常温常压下生物化学反应速率一定,因此,与物理、化学方法相比,这一技术治理污染土壤的时间相对较长。

微生物修复技术的关键在于所需要的营养物质、共氧化基质、电子受体和其他促进微生物生长的物质,包括投加方法、投加时间和投加剂量等。另外,微生物修复技术与物理、化学修复处理结合使用,通常会取得更好的效果。

二、微生物的酶

微生物降解污染物是利用其自然生长代谢过程消耗周围环境的营养元素,污染物可作为营养元素的提供者而被微生物消耗。微生物的生长代谢就是体内不断地进行着各种各样的生物化学反应,这些反应能够十分顺利和迅速地进行,完全依靠生物体内普遍存在的生物催化剂——酶。

(一)酶的组成和结构

酶是由活细胞产生的,对其底物具有高度特异性和高度催化效能的蛋白质或 RNA,绝大部分为蛋白质,极少部分为 RNA。按其分子组成结构的不同,可分为单纯酶和结合酶。

单纯酶完全由蛋白质所组成,如脲酶、蛋白酶、淀粉酶、脂肪酶等,大多数可以分泌到微生物体外进行催化水解作用,因此也称为外酶。结合酶则由酶蛋白和辅助因子组成,且只有当两者结合才可起催化作用,缺少任一组分都会导致结合酶失去活性。这类酶有些是外酶,有些在生物体内起催化作用,称作内酶。

(二)酶的种类

按国际生化协会的分类法,酶的种类可分为以下几种。

(1)氧化还原酶:催化氧化还原反应,包括氧化酶和脱氢酶等。

（2）水解酶：催化水解反应，包括淀粉酶、蛋白酶和酯酶等。

（3）转移酶：催化有机官能团的转移反应，包括转甲基酶、转氨酶、己糖激酶、磷酸化酶等。

（4）合成酶（也称为连接酶）：催化两种物质/分子合成为一种物质/分子的反应，同时伴随 ATP 的分解，如氨酰 tRNA 合成酶等。

（5）异构酶：催化生成异构体反应，如消旋酶、差相异构酶等。

（6）裂解酶：催化从底物上移去一个官能团而留下双键或其逆反应，如醛缩酶、水化酶及脱氨酶等。

（三）酶的催化特性

酶是从生物体中产生的，在机体中高效地发挥催化作用，其特性如下：

（1）高效性：用酶作催化剂，其催化效率是一般无机催化剂的 107～1013 倍。

（2）专一性：一种酶只能对一种底物或某一类物质发生催化作用，即仅能促进特定化合物、特定化学键、特定化学变化的反应。

（3）低反应条件：酶的催化反应不需要高温、高压、强酸、强碱等剧烈条件，只需在常温、常压和近中性的水溶液中即可进行。

（4）易失活性：酶对环境条件极为敏感，在受到紫外线、热、射线、表面活性剂、金属盐、强酸、强碱及其他化学试剂如氧化剂、还原剂等因素影响时，酶蛋白的二级、三级结构会有所改变，导致酶丧失活性。

（5）可降低生化反应的反应活化能：酶能够降低反应所需的活化能，提高化学反应速率，使反应更易进行。

三、微生物对有机污染物的降解机制

（一）微生物基质代谢的生理过程

污染物作为基质的代谢过程包括接近、吸附、分泌胞外酶、跨膜运输和细胞内代谢等步骤。

1.接近

污染物要被微生物降解，首先污染物要处在微生物胞外酶可接触的范围之内,而在土壤中,污染物与微生物不如在流动性大的液相中容易混合,存在着扩散的障碍,即使距离很近也会有很大的差别。但微生物具有朝向基质的趋向性,即微生物表现为朝向基质生长,可通过探查环境,找到基质,然后加以利用。

2. 吸附

微生物吸附在基质颗粒的表面,是微生物代谢基质的前提。

3. 分泌胞外酶

一些多聚体难以被微生物降解的原因之一是分子太大,通过分泌胞外酶可将其水解成分子量小的可溶性产物,进一步被微生物分解。

4. 跨膜运输

有机物除了通过在细胞外被胞外酶降解的途径之外,更重要的降解途径是被微生物吸收到细胞体内后,由胞内酶降解。进入细胞必须通过细胞膜,细胞膜为磷脂双分子层,其中整合着蛋白质分子,控制着物质进入和代谢产物的排出,这个过程有主动运输、被动运输、协助扩散、基团移位、胞饮作用等方式。

（1）主动运输

主动运输是微生物吸收基质的主要方式。这种运输方式需要消耗能量,因而可以逆物质浓度梯度进行,从而获得环境中低浓度的营养物。运输过程还需要载体蛋白的参与,因而被运输的物质需具有高度的立体专一性。在主动运输中,溶质和载体结合发生构象变化,这些变化也需要能量。主动运输所消耗的能量来源因微生物种类的不同而不同。

（2）被动运输

被动运输是最简单的微生物吸收营养物的方式之一,也称被动扩散。基质分子通过细胞膜中的含水小孔,由高浓度的细胞胞外向低浓度的细胞胞内扩散。这种扩散不需要载体蛋白,不需要消耗能量,扩散动力是细胞膜内外浓度梯度差。例如,水、某些气体、甘油等小分子物质,尤其是亲脂性分子由被动运输进入细胞。

（3）协助扩散

协助扩散与被动运输类似,不需要消耗能量,不能进行逆浓度运输,运输速度取决于细胞膜两侧物质浓度差。它与被动扩散的主要差别在于基质通过细胞膜需要借助膜上的特异性载体蛋白，并且每种载体蛋白只运输相应的物质。载体蛋白能够加快物质的运输，并且在此过程中又不发生变化，具有酶的性质，因此也被称为透过酶、移位酶或移位蛋白，它是通过被运输物质的诱导产生的。

(4)基团移位

基团移位是一种既需要特异性载体蛋白又要耗能的另一类型的主动运输，它不同于主动运输之处在于基团在运送前后分子结构会发生变化。葡萄糖、果糖、甘露糖、核苷酸等物质是通过这种方式运输的。

(5)胞饮作用

胞饮作用是物质进入细胞膜内的一种主动运输形式。细胞的原生质围绕各种物质流动，然后重新形成细胞膜，并把这些物质包裹起来，形成小囊泡即胞饮囊泡，从而进入细胞。例如，假丝酵母摄取烷烃的途径便是胞饮作用。

5.细胞内代谢

基质进入细胞后，主要参与到微生物的分解代谢中去。首先将基质分子分解成更小的氨基酸、单糖及脂肪酸等小分子物质，然后进一步降解为简单的乙酰辅酶 A、丙酮酸以及能进入三羧酸循环的某些中间产物，最后通过三羧酸循环完全降解成 CO_2 和 H^+。

(二)微生物对污染物的分解与固定

1.微生物对污染物的分解

(1)氧化还原反应

微生物可以以有机污染物作为碳源和电子供体进行氧化－还原反应。这个过程包括氧化－还原反应、好氧呼吸作用等。氧化－还原反应可以破坏有机污染物物质的化学键，使电子向外迁移，获得能量。氧化作用是被氧化物质的原子失去电子，氧化剂获得电子的过程。常见的氧化剂有氧、硝酸盐、硫酸盐和铁，它们是细胞生长的最基本要素，通常被称为基本基质。还原作用则是氧化剂的原子得到电子，还原剂失去电子的过程。一般来说，还原作用与氧化作用同时发生。

（2）好氧呼吸作用

在分解有机污染物的过程中，有机污染物包括一些有害污染物充当微生物食物源的角色，它们利用氧分子作为电子受体，这种借助于氧分子的力量破坏有机化合物的过程也被称为好氧呼吸作用。在好氧呼吸作用过程中，污染物中的部分碳氧化为二氧化碳，而其余的碳则被利用产生新的细胞质，因此，微生物分解污染物过程的主要产物就是二氧化碳、水以及大量新生成的微生物细胞。

（3）厌氧呼吸作用

厌氧呼吸作用过程是指在无氧条件下，厌氧微生物用化合物取代氧作为电子受体的呼吸过程，常见的电子受体有硝酸盐、硫酸盐和铁等。厌氧呼吸作用的产物主要有新的细胞质、氮气、硫化氢气体、还原态金属和甲烷等，具体产物取决于具体的电子受体种类。

（4）无机化合物作为电子供体

一些微生物可以利用氨离子、亚硝酸盐、还原性 Fe^{2+}、还原性 Mn^{2+} 以及 H_2S 等这些无机分子作为电子供体，电子转移给电子受体为细胞合成提供能量。以无机化合物作为电子受体的时候，二氧化碳通常作为微生物生长代谢的碳源。

（5）发酵

发酵通常是指微生物对有机物的某种分解过程。在没有外源最终电子受体的条件下（有机物既可以作为电子受体，也可以作为电子供体），通过底物水平磷酸化来获得代谢能 ATP，有机化合物释放的电子直接交给内源的有机电子受体而再生成 NAD，同时将有机物还原成有机酸、乙醇、氢和二氧化碳等发酵产物。

2. 微生物对污染物的固定

微生物除了可以将污染物分解之外，还可降低污染物的移动性，并将其固定。固定方法主要有以下两种。

（1）沉淀法

通过微生物的氧化—还原作用改变金属价态，形成氢氧化物沉淀、氧化物沉淀或硫化物沉淀等，如二价铁被氧化为三价铁、与氢氧根结合形成氢氧化铁沉淀。

（2）生物屏障法

生物屏障是生物在长期的进化中发展起来的一整套维持机体正常活动、阻止或抵御外来异物的机制。微生物可以通过生物屏障，使污染物在迁移过程中受阻或降低污染物的迁移速度。

（三）微生物对污染物的去毒作用和激活作用

微生物降解有机污染物的基本生物化学反应类型有氧化作用、还原作用、基团转移作用、水解作用、酯化作用、缩合反应、氨化作用、乙酰化作用、双键断裂反应、卤原子移动等。通过这些反应可以改变污染物分子的结构，而污染物的分子结构决定着其是否具有毒性。

1. 微生物对污染物的去毒作用

微生物对污染物的去毒作用是指微生物降解作用使污染物分子结构改变，导致其对人类、动植物等的毒性消失或降低，即由活性分子转化为无活性分子的反应。这个反应通常在细胞内进行，生成的产物可以直接分泌到细胞外，或经过进一步代谢之后再分泌到细胞外。去毒作用的反应类型有以下几种。

（1）水解作用。水解作用于酯键或酰胺键，使得有毒化合物脱毒。

（2）羟基化作用。苯环上或脂肪链上发生羟基化，使有毒化合物失去毒性。

（3）脱卤作用。脱卤作用有由氢取代的还原脱卤、由羟基取代的水解脱卤以及卤原子和相邻的氢同时被脱去的脱氢脱卤，卤素被脱去可使有毒化合物转化为无毒产物。

（4）硝基还原作用。将硝基还原为氨基，减轻了污染物的毒性。

（5）甲基化作用。在有毒的酚类中加入甲基，可以使酚类钝化而使其丧失毒性。

（6）去甲基或去烷基作用。脱去一些杀虫剂的甲基或烷基会使其失去毒性。

（7）醚键断裂。卤代苯氧羧酸类除草剂含有醚键，醚键断裂可以消除它们对植物的毒性。

（8）腈转化为酰胺。腈转化为酰胺类可使毒性降低。

（9）轭合作用。轭合作用是指生物体内的中间代谢产物和有机物之间发生的合成反应,合成之后的产物一般没有毒性。

除此之外,还有很多其他的反应也可改变污染物分子结构起到去毒作用,在此不一一列举。

2.微生物对污染物的激活作用

微生物对污染物的激活作用与去毒作用相反,指无毒的物质经生物化学反应改变分子结构形成有毒产物的过程,或者产物更具迁移性和持久性,危害更大。在自然界中,激活作用在微生物活跃的环境中广泛存在。其有毒产物在各生化反应阶段均可出现,可能是中间产物,随后被分解,也可能是持久性污染物。常见的有代表性的激活作用有以下几种。

（1）脱卤作用

三氯乙烯经脱卤作用脱去氯元素生成强致癌物——氯乙烯,肝癌与长期吸入和接触氯乙烯有关。

（2）亚硝化作用

亚硝胺的形成即仲胺的N-亚硝化作用。仲胺在环境中极为常见,亚硝酸盐虽然在自然界中的含量很低,但足以发生激活作用,两者结合发生N-亚硝化作用,形成亚硝胺。亚硝胺是很强的致癌、致畸和致突变物。微生物在激活作用中通过酶反应分别促使仲胺和亚硝酸盐形成,再通过酶反应或其他方式形成N-亚硝胺。

（3）甲基化作用

甲基化作用是指从活性甲基化合物中将甲基催化转移到其他化合物的过程,可形成各种甲基化合物。如汞的微生物甲基化激活产物——甲基汞,是一种具有神经毒性的环境污染物,可在生物体内富集,并能穿过血脑屏障损害中枢神经系统。

（4）水解作用

一些酯类除草剂经水解酶作用成为游离酸,发挥其植物毒素的作用。

（5）环氧化作用

微生物可以使一些带双键的化合物形成环氧化物,产物的毒性更大并且稳定性更强。

(6)硫代磷酸酯转化为磷酸酯

硫代磷酸酯本身毒性很低,通过激活作用可转化为毒性很强的磷酸酯,对人畜毒害作用较大。

除以上几种之外,微生物对污染物的激活作用种类还有很多,如苯氧羧酸的代谢、硫醚的氧化等等。

四、土壤微生物对重金属污染物的迁移转化

重金属污染物与有机污染物不同,它不能被微生物所降解,但它能够通过微生物的生理代谢活动而改变价态或被微生物所吸附,从而降低重金属的毒性、生物有效性和迁移性,即重金属污染土壤的微生物修复。它包含两方面的技术:生物氧化还原和生物吸附。生物氧化还原是利用微生物的生物化学作用改变重金属离子的价态;生物吸附是利用微生物体吸附重金属的物理化学过程。例如,有一些细菌产生的特殊酶能使 U、Pb 和 Cd 形成难溶磷酸盐;大肠杆菌体内存在特殊酶系,能将土壤中的甲基汞、乙基汞、硝基汞还原为元素汞;某些微生物对 Cd、Zn、Pb、Co、Ni、Mn 和 Cu 等重金属有较强的亲和力。

(一)土壤微生物对重金属污染环境的适应

土壤微生物在重金属的胁迫下生长会受到不同程度的影响。

在微生物的进化上,微生物具有通过调节其结构和生理状态或者形成质粒,来完善遗传基因以适应环境的能力,在适应过程中,微生物群体结构向着适应于环境条件的方向变化。在重金属的胁迫环境中,现已发现抗汞、镉、铅等的多种菌株细胞内存在着抗重金属的基因。人们利用微生物的这种特性,对微生物进行驯化。微生物驯化是一种定向选育微生物的方法与过程,通过人工措施使微生物逐步适应某一特定条件,最后获得具有较高耐受力和代谢活性的菌株。

(二)土壤微生物对重金属的氧化还原作用

微生物可以通过氧化还原作用改变重金属的价态,从而改变重金属的溶解性、移动性及生态毒性等。例如,硫酸盐还原细菌可将硫酸盐还原

成硫化物,S2可以和重金属形成硫化物沉淀,降低重金属的溶解性和迁移性;汞还原菌能够促使可溶的汞(Hg^{2+})还原为 Hg,并挥发到空气中;青霉菌能还原 Cr6+为 Cr^{3+},降低其毒性;假单胞杆菌能使 As^{3+}、Fe^{2+} 和 Mn^{2+} 等发生氧化,降低重金属元素的活性等等。

(三)土壤微生物对重金属的生物吸附作用

土壤微生物对重金属的吸附机制主要有两种:其一是通过细胞表面带有的电荷吸附重金属,大多数微生物表面所带的是负电荷,更有利于对重金属离子的吸附;其二是通过微生物表面结构吸附,细胞壁和黏液层能直接吸收或吸附重金属,如细菌细胞壁的组分主要是肽聚糖、脂多糖、磷壁酸和胞外多糖,可有效吸附重金属离子。

重金属被吸附到微生物表面上以后,会起到一个"凝结核"的作用,其余重金属可在其周围不断地吸附,积累重金属。有些微生物还能够产生带有大量阴离子基团的胞外聚合物,其可与金属离子结合形成络合物。

(四)微生物对重金属的溶解作用

微生物对重金属的溶解作用主要体现在其代谢过程中产生甲酸、乙酸、丙酸、丁酸以及氨基酸等多种低分子量的有机酸,可溶解重金属离子及含重金属的矿物。例如,微生物在营养充分的环境中可以促进 Cd 的溶解,从土壤中溶解出来的 Cd 主要是和低分子量的有机酸结合在一起。

五、微生物降解污染物的影响因素

很多因素会影响微生物的生长繁殖,如微生物的种类、多种生物之间的相互影响作用、环境条件等,从而影响微生物对污染物的降解。以下从生物因素和环境因素两方面进行讨论。

(一)生物因素方面的影响

1.微生物之间的协同作用

在自然界中,基质和微生物的种类都是复杂的,对某种物质的降解通常是由多种微生物共同完成的,即表现为协同作用。微生物之间的协同作用有两种类型:一是单一菌种存在时不能降解基质,协同菌种同时存在时才能够进行降解;二是每个单一菌种都可以降解基质,但协同菌种同时存在时的降解速度超过单个菌种的降解速率之和。微生物之间发生协同作用的原因有:

(1)一种或几种微生物向协同微生物提供维生素B、氨基酸或其他生长因子。

(2)一种微生物基质不能完全降解,协同微生物可利用其不完全降解产物进行生长。

(3)一种微生物产生的产物对自身有毒害作用,但是协同微生物可以解除这种毒害,并能将其作为碳源和能源利用。

微生物协同作用的情况很常见。例如,假单胞菌和节杆菌混合后才可以降解2,4,5-涕丙酸除草剂;节杆菌属和链霉菌属在一起才能分解二嗪磷;代谢硝基化合物的物种经常产生对自身有毒的亚硝酸盐,但是许多细菌和真菌能够分解亚硝酸盐,使之转化为氨、氮氧化物、氮气和硝酸盐等,起到解毒作用。

2.原生动物的影响

原生动物是动物界中最原始的单细胞动物,广泛分布于淡水、海水及潮湿的土壤中。原生动物是典型的以细菌为食的微生物,掠食速度惊人。当环境中原生动物大量存在时,细菌数目会显著下降,数目下降的快慢取决于原生动物的捕食速率和细菌的繁殖速率。

原生动物也并不总是产生负面影响的,有时候也能够刺激微生物的活动,促进氮、磷等有限的无机营养的循环并分泌必要的生长因子,促进维生素、氨基酸营养缺陷型菌的生物降解作用。例如,当土壤中纤毛虫、豆形虫存在时可以促进混合细菌分解原油。

另外,噬菌体、真菌病毒、蛭弧菌属、分枝杆菌、集胞黏菌,能分泌分解细菌、真菌细胞壁酶的微生物等,也能够捕食或寄生微生物。

(二)环境因素方面的影响

每种微生物都有其适宜生长的环境条件,如温度、pH、氧气含量、营养源等。除此之外,土壤的特性对土壤微生物的生长繁殖也有着重要的影响。

1. 温度

温度对微生物的影响是至关重要的,在最佳温度条件下,微生物最为活跃,而超出耐受温度范围,微生物可能失去活性甚至死亡。根据微生物对温度的依赖,可将它们分为嗜冷性微生物、中温性微生物,以及嗜热性微生物。

温度对微生物产生影响的主要原因是温度影响着微生物体内酶的活性,在一定的温度范围内,随着温度的上升,酶的活性提高,该微生物生长速率加快。另外,温度也影响着有机污染物的物理状态,在不同温度下,污染物会发生固—液相的转换而影响其生物有效性。因此,温度对微生物降解转化污染物起着关键作用。

2. pH

不同的微生物有不同的 pH 适宜范围,大多数微生物的 pH 适宜范围为 5.5～8.5。pH 影响养分的有效度和微生物的活度,在合适的 pH 下微生物的活性增高。一般细菌和放线菌适应中性至微碱性的环境条件,酸性条件有利于酵母菌和霉菌生长。但也有一些微生物可在极端酸性或碱性的环境中生存,甚至活性更高。pH 对污染物也会产生影响,例如土壤 pH 影响重金属元素的固定、释放和淋洗。pH 还可以影响污染物的降解转化产物,例如在 pH 为 4.5 时,汞容易发生甲基化作用。

3. 氧气

氧气是好氧微生物维持生长和繁殖的必要条件。在环境中,大部分有机污染物的降解是通过好氧微生物以氧气为电子受体进行的氧化反应来完成的。当氧气供应不足时,微生物的降解速率就会受到影响,如原油和其他烃类的降解。因为土壤环境氧气交换率低,所以土壤中烃类化合物的降解通常十分缓慢。

在无氧条件下,厌氧微生物可以将有机物、硝酸盐、硫酸盐或 CO_2 作为电子受体进行新陈代谢,降解微生物,氧气的存在则会抑制微生物的活性。

4. 水分

在土壤环境中,水分是微生物降解的重要限制因素。在没有水分的环境中,微生物几乎不能生存。另外,水分含量还与氧化还原电位、化合物的溶解、金属的状态等密切相关,因此,对污染物降解转化的影响更大。

5.碳源

不同微生物能产生的酶系不同,其可利用的碳源也不同。常用的碳源有糖类、油脂、有机酸及有机酸酯和小分子醇等,它们是微生物合成的重要物质,提供细胞生命活动所需的能量,提供合成产物的碳架。虽然土壤中含碳量通常都很高,但是不是所有的碳素都能被微生物所利用。环境中的有机污染物可作为碳源供微生物利用,但是如果有机污染物的浓度很低,碳源就会成为微生物生长的限制因子。

6.土壤特性

土壤特性包括土壤孔隙、空隙的连续度、气水比例、胶体性质等,这些性质会直接或间接地对生存在其中的微生物、土壤中的污染物产生影响。

(1)土壤孔性

土壤中土粒或团聚体之间以及团聚体内部存在着孔隙,土壤孔性是指土壤孔隙数量、孔隙大小及分配的比例特征。土壤孔性决定着土壤水分、肥力、空气含量等因素,进而影响着微生物的活性,如孔隙多且大,土壤氧气交换充足,好氧微生物活跃,降解底物速度加快。孔性对土壤中污染物的影响主要体现在对污染物的过滤截留、化学分解、微生物降解等方面,如孔隙小且少,土壤下渗强度低,污染物不易扩散。

(2)土壤质地

土壤质地是土壤中各粒度级别占土壤重量的百分比组合。中国土壤质地分类是根据砂粒、粉粒、黏粒的含量进行划分的。黏粒含量大于30%的土壤为黏质土类,砂粒含量大于60%的土壤为砂质土类。黏质土类富含黏粒,细小、比表面积大、大孔隙少、通气透水性差、吸附作用及离子交换作用强,能够固定污染物,增加其迁移的难度。砂质土壤的性质及作用则相反。

(3)土壤络合-螯合作用

土壤络合-螯合作用是通过土壤中的有机和无机配位体、多种金属中心离子络合或螯合,增加金属离子的活性,增加土壤结构的稳定性,改善土壤理化性质和生物学过程。主要的配位体是土壤腐殖质酸、土壤酶及无机配位体等。当重金属离子进入土壤后,与配位体形成络合－螯合物,可减轻或暂时消除其危害。

(三)其他影响因素

1.表面活性剂

表面活性剂是一类能够降低溶剂表面张力的物质。根据在水溶液中解离后所具有的表面活性部分的性质,表面活性剂可分为阴离子型、阳离子型、非离子型和两性型,在污染土壤修复中经常使用的是前三种,它们通常发挥增溶作用、润湿作用、渗透作用以及分散作用等以增强微生物对土壤中污染物的去除效果。

2.环糊精

环糊精是直链淀粉在由芽孢杆菌产生的环糊精葡萄糖基转移酶作用下生成的一系列环状低聚糖的总称,通常含有 $6\sim12$ 个 D－吡喃葡萄糖单元。环糊精分子呈略微锥形的环,环的内侧是疏水的空腔,外侧是由呈亲水性的羟基构成的。目前常用的环糊精主要有由 6 个葡萄糖单元组成的 α－环糊精,由 7 个葡萄糖单元组成的 β－环糊精,由 8 个葡萄糖单元组成的 γ－环糊精。

六、原位微生物修复技术

在土壤的微生物修复方法中,根据修复地点不同可分为原位微生物修复技术和异位微生物修复技术,异位微生物修复技术又包括非反应器型和反应器型。

原位微生物修复技术是指在现场条件下,不移动污染土壤,直接利用微生物来修复污染土壤的技术。此技术弥补了物理、化学方法修复费用高、难以进行大范围修复的不足,同时为异位修复技术难以处理的深度污染、不便挖掘等问题提供了较好的解决办法。这种方法不仅操作简单、成本低,而且不破坏植物生长所需要的土壤环境,操作环境安全,无二次污染,处理效果好,是一种高效、经济和生态友好型清洁技术。

原位微生物修复技术一般多采用土著微生物进行处理,有时也加入经过驯化和培养的微生物来强化修复。修复过程中为保持微生物活性需要不断地向污染土壤中通入空气补充氧气以及营养物质,同时从另一侧抽提污染的空气及土壤溶液,将部分污染物及微生物代谢产物带离土壤,经处理后可回用。

(一)生物培养法

生物培养法是在受污染土壤中投加过氧化氢和营养元素(过氧化氢在代谢过程中作为电子受体,营养元素包括常量营养元素和微量营养元素),培养污染土壤中已经存在的土著微生物,提高土著微生物的活性以加快对污染物的降解的一种方法。这也是大多数生物修复工程中常用的一种方法,因为土著微生物能够在污染土壤中存在,说明它已经适应了该污染环境,并且是以群落的结构形式存在,外源微生物不能有效地与其竞争。实际上,单一微生物降解微生物的情况是很少的,通常是多种微生物共同或者分步最终将污染物降解为 CO_2 和 H_2O。生物培养法的关键就是确定有利于降解微生物生长的营养元素的添加率。土著微生物降解污染物的潜力巨大,因此在污染土壤的实际修复中,多考虑激发当地多样的土著微生物的作用。

(二)投菌法

在土著微生物不能有效降解污染物的时候,就要考虑引入外源微生物。投菌法就是直接向受到污染的土壤中接种从自然环境中筛选出来的优势菌种或外源污染物降解菌,以高效降解土壤中污染物的方法,也称为生物强化法。同时投加的还有微生物生长所需要的营养元素和过氧化氢,以保证接种微生物的活性和数量。但投加的外源微生物需要与土著微生物竞争生态位,通常难以保持较高的活性,所以投加的量要足够。

基因工程菌也可作为外源微生物投加在污染土壤中进行修复。基因工程菌是采用细胞融合技术等遗传工程手段,将多种降解基因转入同一微生物中,使之获得高效、广谱的降解能力。但基因工程菌的使用受到较严格的限制。

(三)生物通风法

生物通风法是在受污染土壤中至少打两组井,一组为进气井,一组为抽气井,分别安装鼓风机和真空泵,将新鲜空气强制通入土壤中,使空气流过污染土壤,再被抽出,在此过程中,土壤中的挥发性污染物和一些微生物代谢产物(如CO_2)随着空气离开土壤环境。通过加入营养元素和一定量的氨气(作为氮源),可促进微生物降解活力提高,加快降解速率。

生物通风法现已成功地应用于各种土壤的生物修复治理中,如被石油烃、非氯化溶剂、某些杀虫剂、木材防腐剂和其他有机化学品污染的土壤,通过控制空气流速为微生物提供足够的氧气,以提高生物活性,加速污染物降解。空气流速要视微生物活性、污染物性质、数量及土壤特性等而定,另外要注意挥发性污染物向大气中转移造成的污染问题。

(四)泵出生物法

泵出生物法主要用于在土壤和地下水同时受到污染的情况下进行修复。该法的处理过程为在受污染的区域打两组钻井,一组是注水井,一组是抽水井。注水井负责将微生物、营养物、过氧化氢和水一起注入污染的土壤当中。污染物被微生物代谢而降解,降解产物连同部分溶于水的污染物向地下水中迁移。抽水井负责将受污染的地下水抽取到地面上的活性污泥法等生物处理装置中进行处理,处理之后的水中含有驯化的降解菌,对土壤有机污染物的生物降解有促进作用,因此可以再回注到污染土壤中。抽取地下水过程造成地下水在地层中流动,可促进微生物分布和营养物质运输,保持氧气供应。

(五)农耕法

农耕法是利用耕耙的方式处理污染土壤。通过翻耕,使得污染物质与空气接触,为微生物提供氧气,另外通过施肥、灌溉、添加石灰、添加土壤改良剂等为微生物降解提供适宜的营养物、湿度、pH、土壤体积等方面的有利条件,促进污染物降解。

该法操作简单、成本低,但污染物可能从污染地迁移,适用于土壤渗透性差、污染物扩散性小又较易降解的污染土壤的修复。

七、异位微生物修复技术

异位微生物修复技术是在土壤污染严重的情况下,把污染土壤挖掘出来转移到指定位置,利用微生物群落体系进行集中处理,使污染物降解的方法,适用于处理污染物浓度较高、风险较高且污染土壤量不大的情况,处理效率高且彻底,监测也比较容易。其不足之处在于挖掘、运输会增加成本,并且挖掘、运输过程存在着污染物扩散的风险。异位微生物修复技术主要包括预制床法、堆肥法、厌氧处理法和生物泥浆反应器法等。

(一)预制床法

预制床是人工制作的底部及周边设有防渗材料的衬里、通气和渗滤液收集系统,底部具有一定倾斜角度的工程设施,也叫作处理床。预制床法就是将污染土壤收集起来,放在这样的工程设施中,进行微生物修复处理的方法。处理时需要添加一些树皮或木片之类的疏松剂,其作用是改善土壤结构、保持湿度、缓冲温度变化,为一些高效降解菌提供适宜的生长基质等。在处理过程中,通过施肥、灌溉、控制 pH 等方式保持微生物对污染物的最佳降解状态,有时也加入一些外源微生物和表面活性剂。处理后的土壤再运回原地。渗滤液收集系统将预制床中渗流出来的液体收集起来,可有效防止污染物外溢。回收的渗滤液经处理之后可重新喷洒到预制床中重复使用。

这种方法是在土壤受污染之初,及时将污染土壤挖掘起来进行微生物修复,可有效防止污染物向地下水或更广大地域扩散。其不足之处是需要很大的工程量和一定的容器。

(二)堆肥法

堆肥法是在人工控制的条件下,将污染土壤与粪便、稻草、麦秸、碎木片和树皮等有机物适当混合起来,经过细菌、放线菌、真菌等微生物的分解作用,将土壤中的有机污染物转化为稳定的腐殖质的一种修复方法。

堆肥法通常会使用木片树皮、锯末、树叶等作为疏松剂,其作用是增加堆体的孔隙度,调节水分含量,还可充当额外的碳源和能源。疏松剂可通过振动床、旋转筛或筛网等筛分回收再利用,但回收时应注意产生的尘埃和气溶胶悬浮物的污染。

堆肥方法通常有条形堆、静态堆和反应器堆三种。

1. 条形堆

条形堆是将污染土壤与疏松剂混合后,用机械堆成 1.2～1.5m 高、3.0～3.5m 宽、长度依地点条件而定的条垛,定期进行机械翻堆以提供充足的氧气给微生物。常用翻堆机械有铲车或翻堆机。这种方法操作简单、投资少,但占地较多,且挥发性气体不可控制。

2. 静态堆

静态堆是条形堆的升级版,在堆体中设置通风管,通过强制通风来保持好氧状态,以满足微生物对氧气的需要。静态堆需用单个或多个变速鼓风机通风,一般为 6m 高。这种方法固定投资小,病原微生物杀灭率在自然升温下增大,封闭操作可控制水分和尘土飞扬。其不足之处与条形堆一样,占地较多,且挥发性气体不可控制,若控制不当出现厌氧带回产生臭味。通过自动监测和控制的堆肥自动监控系统,可大大提高静态堆的效率。

3. 反应器堆

反应器堆是将堆体放置于封闭的反应器中,通过精确调节通气量、温度、含水率,含氧浓度和挥发性固体等参数控制堆体发酵的过程,可大大提高有机物降解的效率,缩短堆肥的时间周期。堆肥的第一阶段总是在反应器当中进行,当堆肥进行到第二阶段,既可以在反应器内堆放也可以在反应器外堆放。

反应器有推流式和搅动床式两种类型。推流式(垂直或水平)是通过皮带传送、螺旋推进、槽带或链条式传送机运送物料,物料以水平方向或从垂直方向经过反应室;搅动床式是以研磨式或梨片式混合器传送污染土壤及促进通气。反应器堆最大的优点是堆肥过程可控,可以连续操作,能较好地控制运行条件和尾气的产生,占用空间最小。不足之处在于其固定投资大,设备的维护也较为复杂和昂贵,且灵活性不高,工作量大。

(三)厌氧处理法

绝大多数应用在污染土壤生物修复中的微生物都是好氧微生物,但近年来发现,厌氧微生物对某些有机污染物的降解效果更加理想,如三硝基甲苯、多氯联苯、有机氯农药等,甚至能够降解许多好氧微生物不能降解的化合物,如氯化化合物。厌氧处理法就是利用厌氧微生物进行污染土壤修复的方法。

将厌氧处理与好氧处理结合起来进行分段降解的方法应运而生。整个反应分为两个阶段,第一阶段在反应器内形成厌氧条件,将难降解的复杂有机物还原为简单有机物,或减低毒性;第二阶段进行好氧处理,将有机物彻底分解。目前已有报道使用该工艺处理 TNT 污染土壤的修复。

(四)生物泥浆反应器法

生物泥浆反应器法是将污染土壤加水混合成泥浆,转移至反应器内,添加降解微生物、营养物质和表面活性剂,调节反应器参数,控制微生物生长代谢所需要的条件(如 pH,温度、氧化还原电位、氧气含量、营养物浓度、盐度等),加速污染物降解的一种处理方法。该方法除了需要反应器以外,还要有沉淀池和脱水设备,处理结束后通过水分离器脱除泥浆、水分,并循环再用。

反应器一般采用不锈钢材质,罐体为平鼓形或升降机形,底部为三角锥形。反应器设有通气装置搅拌装置。通气装置负责向反应器内通入空气,为微生物提供氧气的同时,使微生物与污染物充分接触。另外还有气体回收和循环装置。搅拌装置的作用是将水,污染土壤、营养物质,表面活性物质以及降解微生物充分混合、充分接触,从而将污染物完全降解。

生物泥浆反应器有不同类型,如不同类型的通气和混合机械,包括带通气管直接驱动漂浮混合器、涡轮混合器和旋筒。带通气管直接驱动漂浮混合器是常用的一种形式,但由于是漂浮在顶部混合,所以底部混合通常较差;涡轮混合器是在转轴上安装多个桨叶,通过桨叶旋转可使反应器内部大部分处于均匀混合状态;旋筒内部不设搅拌装置,通过筒体旋转混合泥浆,依靠顶端自然通气进行氧气交换,因此该系统通常设置为低氧或厌氧系统。

高浓度固体生物泥浆反应器能够通过分批式作用直接处理污染土壤。在第一阶段,将污染土壤、水、营养、微生物、表面活性剂等物质均匀混合;第二阶段是主要降解阶段,在此阶段完成大部分的生物降解;第三阶段负责深度处理。实际应用结果表明,高浓度固体生物泥浆反应器处理有毒有害有机污染物含量超过总有机物浓度1%的土壤和沉积物的效果很好。

上述的生物泥浆反应器属于封闭式反应器,除此之外还有开放式反应器。废弃的污染池塘可以用作反应器,经改进后可成为开放式泥浆生物反应器,这样可大大降低成本,但因其开放状态需要注意防止对环境造成二次污染。

生物泥浆反应器法能够通过调控参数以满足污染物生物降解所需的最适宜条件,因此,微生物活性最佳,可获得较好的处理效果。另外,污染物在泥浆中可增大溶解度,增加微生物与污染物的接触,加快生物降解速率。

生物泥浆反应器已经成功地应用到固体和污泥的污染修复,能够处理多环芳烃、杀虫剂、石油经、杂环类和氯代芳烃等有毒污染物,但其工程复杂,处理费用高。另外,其在用于难生物降解物质的处理时,须防止污染物扩散。

(五)其他方法

生物过滤反应器法是在将气态有机污染物通过附着有生物膜的载体的过程中,污染物被生物膜上微生物所降解的方法。多种材料可作为生物膜的载体,包括泥炭、土壤、堆肥有机物、锯末、树皮屑、活性炭、黏土颗粒或多孔玻璃等,其中常用的是土壤和堆肥有机物。特殊菌种可以被接种在载体上,提供最佳条件去降解特定化合物。最简单的生物过滤反应器可以是一个管状结构,内部填充载体,污染气体从其中通过而被降解,如堆肥法产生的气味可用此方法处理。

固定化膜反应器是将污染土壤加入带有固定填料的反应器,在进水的冲刷下将土壤截留在填料表面,土壤中的微生物首先利用反应器中充足的营养物质、氧和碳源进行繁殖,然后移动到填料表面形成生物膜。固定化膜反应器法就是利用这种反应器降解有机污染物的。在固定化系统中将细菌和真菌共同固定,可以稳定降解许多化合物。预制床法或堆肥法产生的渗滤液可采用此方法处理。

土壤耕作法是将污染土壤撒于非透性垫层和砂层上,厚度约为10~

50cm,并通过定期农耕的方法改善土壤结构,淋洒营养物,水及降解菌株接种物,供给氧气以满足微生物生长的需要,以促进污染物降解。该工艺适用于处理可降解的有机污染物,如杀虫剂,除草剂、多环芳烃、五氯酚、杂酚油、石油加工废水污泥、焦油或农药等污染的土壤。

第五章　污染土壤联合修复技术

　　污染土壤的修复治理是一项系统性的、复杂的工程，单项技术受到众多因素的限制，会影响修复处理效果。加上不同污染物本身性质不同、污染土壤周边环境条件不同，不同的修复技术具有不同的适用范围。物理化学技术费用昂贵，难以用于大规模污染土壤的改良，且易导致土壤结构破坏、土壤生物活性下降和土壤肥力退化等。生物修复技术具有成本低、处理彻底、不造成二次污染、景观效果好等优势。然而，生物修复见效慢，还受到污染物浓度和土壤环境因素等的限制。

第一节　联合修复的重要意义

　　联合两种或两种以上修复技术，能克服单项修复技术的局限，提高修复效率，修复多种污染物复合污染的土壤。污染土壤联合修复包括物理－化学联合修复、微生物－植物－动物联合修复、化学－物理－生物联合修复等。物理、化学修复技术的联合，主要适用于污染土壤的离位处理中。微生物和动物、植物修复技术的联合是污染土壤生物修复技术研究方面的新方向，可以显著提高有机污染物被吸收、代谢和降解的速度，修复效果好。将化学、物理和生物联合起来，可以将三种修复技术的优势集中利用，是目前研究的重点，也是最具有应用修复潜力的方式，尤其是在对于复杂污染区域的土壤处理中具有明显优势。

一、复合污染概述

　　不同污染源产生的重金属和有机污染物可以通过不同的途径进入土壤、水和大气等载体发生相互作用，同一环境介质中往往同时存在难降解有机污染物和重金属。在土壤—植物系统中,有机污染物—重金属的复合污染是一种比较普遍的现象。土壤中重金属—有机污染物复合污染多源于炼焦、炼油、电镀、化肥、印染和农药合成等工业废水灌溉,污水处理厂的污泥、城市生活垃圾堆放,含重金属农药(杀虫剂、除草剂和杀真菌剂等)的使用,大气污染物的沉降等。

(一)复合污染的分类

按污染物来源可将复合污染分为同源复合污染和异源复合污染。同源复合污染指由处于同一环境介质(大气、水体或土壤)中的多种污染物所形成的复合污染,可进一步分为大气复合污染、水体复合污染、土壤复合污染等。异源复合污染指由不同环境介质来源的同一污染物或不同污染物所形成的复合污染现象,可进一步分为大气—土壤复合污染、大气—水体复合污染、土壤—水体复合污染、大气—土壤—水体复合污染等。

根据污染物的类型,土壤—复合污染可进一步分为:有机复合污染、无机复合污染、有机—无机复合污染、重金属与有机污染物所构成的复合污染以及有机污染物与病原微生物构成的复合污染。

(二)复合污染的联合作用类型

多种外源污染物同时或在短时间内相继作用于生物体所产生的综合生物学作用称为联合作用,经联合作用产生的毒性称为联合毒性。

1.独立作用

独立作用是指两种或两种以上的外源化学物作用于机体,各自的作用方式、途径、受体和部位不同,彼此互无影响,各化学物所致的生物学效应表现为各个化学物本身的毒性效应,即独立作用的毒性低于相加作用,但高于其中单项毒物的毒性。

2.相加作用

相加作用是指两种或两种以上的外源化学物作用于机体,产生的综合生物学效应,是各种化学物分别产生的生物学效应的总和。

产生相加作用的机理可能在于,发挥作用的各种外源化学物的化学结构比较近似，或是拥有相同的靶器官或靶组织，或者作用机制类似。如两种有机磷农药对胆碱酯酶的抑制作用常为相加作用。

3. 协同作用

协同作用是指两种或两种以上的外源化学物作用于机体，产生的综合生物学效应大于它们单独产生的生物学效应的总和。

协同作用有一种特殊情形，即某种外源化学物本身对机体并无毒性，但与另一种单独用时具有毒性的外源化学物质联合作用时，可使后者的毒性进一步增强。此时，协同作用又称为增强作用（Potentiation）或增效作用。例如，异丙醇本身对肝脏无毒，但若与四氯化碳同时摄入体内，则对肝脏的毒性比机体单独摄入四氯化碳时强。

4. 拮抗作用

拮抗作用是指两种或两种以上的外源化学物作用于机体，其中一种化学物可干扰另一种化学物的生物作用，或两种化学物相互干扰，使两者的综合毒作用强度低于各自单独作用的强度综合。凡能使另一种化学物的生物学作用减弱的化学物称为拮抗物或拮抗剂。

二、污染的复杂多样性决定修复技术多样性

近年来，我国农业生产急速发展，农药、化肥使用量的增加，致使农用地受到有机氯农药、多环芳烃、多氯联苯等的污染。目前，我国受有机氯农药和多环芳烃的污染较为严重，有机氯农药曾被广泛用于农业、林业。随着我国核技术在工业、医疗、军队、核舰艇等领域的发展，如铀和钍的开采与冶炼、民用核设施（医用 X 光机、医用加速器等），带来放射性污染。

三、修复技术联合的优势

污染土壤修复技术是通过化学、物理和生物等手段，以转移、吸收、降解和转化的形式，降低土壤中污染物浓度，或将有害污染物转化为无害物质。生物修复技术被认为是最具有生命力的土壤修复技术，在许多有机物污染土壤修复中得到了应用。但对于一些疏水性强的有机污染物，其

生物可利用性很差,严重阻碍了其生物降解效率。通过物理、化学和生物修复技术的联合,显著提高了修复效率,解决了单一修复技术的弊端。如电动－植物联合修复技术是一种绿色可持续的污染修复技术,具有良好的应用前景,广泛应用于石油污染土壤的修复之中。同时,向污染土壤中施加螯合剂,螯合剂与土壤中难以移动的重金属如 Pb、Cd 等发生螯合作用,形成可移动的化合物,再由植物修复技术吸收和转运。

微生物作为生物修复的功能主体,其种类、群落组成、活性、数量等对有机物的降解效率和生物利用途径起着决定性作用。目前,单一的微生物修复技术还处于科研和实验模拟阶段,实例研究并不多。微生物修复通常与植物修复联合进行研究。

第二节　植物－微生物联合修复技术

植物－微生物联合修复是在植物修复的基础上,与微生物形成互惠互利的联合体,协同作用来提高土壤污染修复效率。该技术多用于大面积污染治理,如重金属污染、有机污染物污染等。

植物－微生物联合修复技术集合了微生物修复与植物修复两者的优点,直接或间接地吸收、转化土壤中的重金属元素,降低土壤中重金属浓度与毒性效应。根际微生物以菌根、内生菌等方式与根系形成联合体,能够显著增强植物对重金属的富集能力,从而降低土壤环境中的重金属浓度。

一、机制

(一)植物－微生物强化修复有机污染物土壤机制

植物可直接吸收有机污染物并在植物组织中累积或代谢。依靠植物自身对有机污染物的直接吸收分解能力有限,当植物与专性降解菌或菌根真菌共同修复时,植物的根系、根系分泌物共同促进根际微生物的生长和繁殖,微生物通过影响根段长度、植物水分含量、根内氧化还原酶活性、根系分泌物组成和含量等途径促进植物生长,加强对有机污染物的降解能力。

植物释放的各种分泌物或酶类促进有机污染物的生物降解,包括单体有机化合物(氨基酸、脂肪酸、酮酸、单糖类)和高分子化合物(多糖、聚乳酸以及黏液等)。同时,这些物质改变土壤环境使根际环境成为微生物作用活跃区域,可增加根际、专性降解菌等功能微生物的群落数量,提高其活性,改变其种群结构以及促进共生代谢作用,间接促进根际微生物对污染物的降解。

植物增强根基区的微生物的矿化作用。植物根际区的微生物可与植物形成共生作用,以其独特的酶途径,用以降解不能被微生物单独转化的有机物。

(二)植物－微生物强化修复重金属污染的机制

当前国内外重金属污染土壤的治理有两种不同的途径:一是固定或钝化重金属,将有效态转化为无效态,使土壤重金属的有效浓度降低到无害的水平,从而降低土壤重金属元素的生物毒性,控制重金属进入食物链和污染周边环境。二是活化重金属,通过促进生物吸收提高土壤重金属的去除效率,使土壤重金属的总量降低到无害的水平。

由于重金属不能像有机污染物那样可以直接通过在植物根际或植物体内降解来消除,植物修复的难度要大得多。植物－微生物联合修复体系同时具备上述两种功能,但联合修复的理论与机制研究尚有待深入。

微生物通过代谢作用或其氧化还原等作用活化重金属,通过增加植物根部的重金属浓度,使重金属在土壤中的生物有效性增加,从而促进植物对其吸收利用或固定。微生物将土壤有机质和根系分泌物转化为小分子物质为自身利用,同时这些小分子物质对重金属起到活化的作用。

(三)植物－微生物强化修复过量营养物污染的机制

微生物促进植物营养吸收,通过改善植物生存条件来促进植物生长、增强植物抗逆性,借助增加生物量的手段提高修复能力。

固氮作用:固氮菌能将大气中的 N2 还原成可被植物利用的 NH,促进作物生长,提高作物产量。自生固氮菌的固氮能力较弱,共生固氮与高等植物形成共生关系,如根瘤菌与豆科植物共生,可固定大气中的 N2。

溶磷作用:植物对磷的吸收量与植物的生物量和产量呈显著的正相关,可见磷是植物生长发育的重要物质基础。土壤中的部分微生物生长代谢过程中可产生乳酸、乙酸、草酸、琥珀酸和柠檬酸等有机酸,促进土壤中难溶性磷酸盐的溶解;某些微生物释放 H_2S,与磷酸铁反应产生硫酸亚铁和可溶性的磷酸盐;微生物呼吸作用释放的 CO_2,能降低环境 pH,促进土壤中磷酸盐溶解;植物残体被微生物分解后所产胡敏酸和富里酸,可与铁、铝及磷酸盐形成稳定的可溶性复合物。

解钾作用:钾细菌,也称为硅酸盐细菌,主要有梭状芽孢杆菌、胶质芽孢杆菌和土壤芽孢杆菌,能促进土壤中钾转化,提高土壤钾含量和肥力。钾细菌的代谢产物还可抑制植物病原菌生长,提高作物抗病能力。

产生铁载体:铁元素是植物生长发育的必需营养元素之一,但土壤中能被微生物和植物直接利用的铁含量很低。多数细菌和真菌能通过非核糖体途径合成并分泌铁载体,与 Fe^{3+} 有高特异螯合能力,增加植物对铁的吸收,促进植物生长。

二、影响因素

(一)污染物的特征

不同的污染物具有不同的化学结构。污染物的化学结构包括其分子排列、空间结构、功能团、分子间的吸引和排斥等特征,并由此决定其生物降解性。另外污染物生物降解还与污染物的物理化学性质如分子大小、分子结构、半衰期及离解常数等有关。以石油烃为例,许多研究表明,微生物能够降解石油中的饱和烃和轻质芳香烃组分,而其中的高分子重质芳香烃、树脂等则难以降解。通常情况下芳香族化合物的生物降解性较脂肪族差,而且化合物所含苯环数目越多,稳定性越强,可生物降解性越差。

(二)污染物的生物可利用性

污染物的生物可利用性指的是土壤环境中的污染物能够被微生物利用或降解部分的数量大小。由于污染物的生物可利用性决定了生物降解进行的速率,因此其被认为是影响生物修复最重要的因素之一。当污染物的生物可利用性太小,会导致微生物不能获得足够物质和能量供应而无法维持代谢的需求,这时生物降解就不会发生;当存在一个较低的可利用污染物浓度时,微生物能够维持自身的生存,这时会出现污染物被降解的情况,但是由于没有新细胞的产生而使降解速率受到限制;当有足够可利用污染物时,微生物不断增殖,可使降解速率达到最大。

(三)微生物的种类

土壤中的微生物种类繁多、数量巨大,很多受污地点本身就存在具有降解能力的微生物种群。可以用于生物修复的微生物大致可以分为两大类:自然选择的微生物和遗传工程微生物。在一些受高浓度生物外源性物质污染的场所或当地条件不适于降解菌大量产生时,需要接种高效降解菌。接种的外来降解菌,一方面要经受当地环境的考验,另一方面还受到土著微生物的竞争,因此需用大量的接种微生物形成优势,以便迅速启动生物降解的过程。

微生物在受污染土壤中的存活和性能是决定生物修复成败的关键。土壤中的 N、P 水平是限制微生物活性的重要因素。为了使污染物得到最大限度地降解,适当添加营养物尤为重要。目前使用的营养盐种类很多,如铵盐、磷酸盐或聚磷酸盐、酿造废液和尿素等。营养盐的浓度和比例通常要经过实验确定。除了营养物外,生长限制因素还包括原生动物的捕食、与其他微生物的竞争、场地条件等。在实验室中培养出来的微生物,能在自然环境中存活,这对其实际应用于田间极其重要。

(四)环境因子

1. 温度

温度不但直接影响微生物的代谢和生长,而且会通过改变污染物的物理化学性质来影响整个生物降解的进程。目前绝大多数生物修复都是在中温条件(约 $20\sim40℃$)下进行的,该温度适宜微生物的代谢和生长。在低温条件下微生物生长缓慢,代谢活性差。

2. pH

由于绝大部分细菌生长 pH 值范围介于 $6\sim8$ 之间,中性最为适宜,生物修复的研究和应用也集中在这个范围。

3. 土壤类型

在生物修复技术的应用中,土壤类型是一个重要但往往被忽视的影响因子。土壤理化性质对植物吸收污染物具有显著影响。土壤颗粒组成直接关系到土壤颗粒比表面积的大小,影响其对有机污染物的吸附能力,从而影响污染物的生物可给性。土壤酸碱性不同,其吸附有机物的能力也不同。

4. 气象条件

气候能影响蒸腾速率,而植物的蒸腾作用对污染物在环境介质和植物体内的迁移提供了巨大的驱动力。日照影响了气孔的关闭,风速影响叶表面的对流,叶表面相对湿度和水压梯度也影响着蒸发,霜期限制了许多植物修复的有效期限。所以,应根据修复成功的量化目标,通过气候、污染物理化性质、植物生长期、场地物理情况等来估测修复时间,以保证资金和物质的持续投入,维系修复的过程。

三、植物－专性降解菌联合修复技术

(一)有机污染物降解菌

滴滴涕(DDT)与多环芳烃作为有机复合污染物的典型代表,是土壤环境中备受关注的持久性有机污染物。土壤是微生物活动的大本营,降解微生物的种类繁多,细菌、真菌和藻类都可以降解 DDT 与多环芳烃等有机污染物,其中细菌是降解有机污染物的主力军。

白腐真菌(WRF)、褐腐真菌(BRF)在降解性真菌中占有重要地位,在实验室条件和自然环境中都可以降解多种有机物,这依赖于它们的寄生能力以及大量酶的分泌能力,例如美味牛肝菌、褐疣柄牛肝菌、丛枝菌根真菌和黄孢平革菌。DDT 的降解菌,其中细菌多为变形菌、厚壁菌、放线菌,其生物降解率为 21% 到 100% 不等。大量研究发现,红球菌属、假单胞菌属、分枝杆菌属、芽孢杆菌属、黄杆菌属、气单胞菌属、棒状杆菌属、蓝细菌、微球菌属、诺卡氏菌属和弧菌属均可降解低分子量的多环芳烃(苯环数量在 3 环以上)。而对于高分子量的多环芳烃,其环数多、化学结构复杂、毒性高、降解难度大,目前缺乏能较好降解高环、长半衰期多环芳烃的优势菌。

(二)重金属污染物降解菌

在重金属污染区内,常能发现大量的耐受微生物菌体,这些耐受菌体有利于重金属污染物修复的进行。土壤中许多细菌不仅能够刺激并保护植物生长,而且还具有活化土壤中重金属污染物的能力。重金属得到明显的活化,提高了植物对锌的吸取。双耐菌株不仅可以促进香草根的生长,提高生物量,而且可通过改变土壤 pH 值,影响土壤环境,提高铅一镉的有效态含量,强化铅一镉污染土壤的修复效果。

四、植物－菌根真菌联合修复技术

菌根是土壤中的真菌菌丝与高等植物营养根系形成的一种联合体。含有大量微生物的菌根是一个复杂的群体,包括放线菌、固氮菌、真菌。根据形态和解剖学的特征,又把菌根分为外生菌根和内生菌根两大类。外生菌丝增加了根系的吸收面积,并且大部分菌根真菌具有很强的酸溶和酶解能力,可促进植物吸收矿质营养和水分,合成植物激素,促进植物生长,提高植物的耐盐、耐旱性。

植物－菌根真菌修复技术中,在植物存在条件下,菌根的降解能力和忍耐力增加,菌根能促进植物富集重金属离子,转移土壤重金属污染物,达到植物修复重金属的目的。菌根真菌的作用机制主要体现在两个方面,一方面菌根真菌可通过改变重金属形态、扩展植物根系的延展范围等,调控植物对重金属的吸收与累积,促进植物对重金属的提取富集,进而去除土壤中的重金属;另一方面可通过菌根分泌物的螯合、根系细胞壁固定、胞内重金属区室化隔离等机制,降低重金属迁移能力,进而强化植物根系对土壤中重金属的固持作用。

(一)菌根真菌促进植物对重金属的提取及富集

菌根真菌能促进超积累植物地上部分对重金属的转运富集作用(植物提取),从而减少土壤环境中重金属含量。接种菌根真菌可以有效促进Pb、Cd 向植物体内转运的进程,提高植物地上部对 Pb、Cd 的提取能力,从而减少土壤中 Pb、Cd 含量。

(二)菌根真菌强化植物根系对重金属的固持作用

除植物提取之外,植物稳定化由于其相对低廉的成本及更易于操作,是更加合适的处理重金属污染的植物修复方法。从这一角度来讲,就更需要寻找一种增加植物耐受性且促进根系生长具有更大生物量的强化手段,使植物在高浓度金属胁迫下仍然能够吸收、螯合或者沉积金属污染物,而菌根真菌的引入又恰好满足这一点。菌根真菌能增强植物根系对重金属的固持作用,从而阻止其在土壤中迁移,进而降低其进入食物链的风险。

就超富集植物而言,菌根真菌所呈现的可促进寄主植物重金属提取过程的特性,无疑对提升超富集植物对重金属污染土壤的修复效率具有重要意义。但是,对于非超富集植物尤其是玉米等粮食作物而言,菌根真菌在一定程度上会加剧重金属污染对其的胁迫效应,也增加了重金属进入食物链的潜在风险,进而威胁到动物及人类的生存及健康。因此,在投加菌剂前,要对污染环境的植物种群、重金属的种类及污染程度、土地类型及使用方式、气候温度等环境进行综合分析,在强化修复植物提取及固持效应的同时,也要考虑避免加剧重金属对非修复植物的危害以及其进入食物链的风险。

五、植物-内生菌联合修复技术

植物内生菌是指在一定阶段或全部阶段寄生于植物组织细胞内或者

细胞间隙的真菌或细菌。内生菌能够吸附重金属离子,分泌脱氨酶、脱羧酶和植物激素以增加植物代谢能力,降低重金属对植物的伤害,缓解重金属离子对植物的胁迫。

(一)植物内生菌的定义

植物内生菌是指能定植在健康植物组织内,并与寄主植物建立和谐联合关系的一类微生物。虽然植物内生菌的概念提出的时间较短,但这一概念一经提出就立刻引起了微生物学家、植物病理学家、植物学家和微生态学家的广泛关注。这是因为内生菌概念的提出,完全打破了人们对植物组织的传统认识。

(二)植物内生菌和植物之间的关系

目前关于植物内生菌和植物之间的关系的认识主要有两种观点。一种是传统的观点,认为植物内生菌是潜在的植物致病菌。研究者从植物病理学的角度着手,研究重心是单个微生物及其致病性,目的在于分离内生菌,鉴定致病性,阻止其进入周围环境。通过这方面的研究发现,多数植物内生菌有潜在的植物致病性,它们在侵染健康植物时,不表现实质性的致病症状,但当无病症的健康植物偶然受到来源于生物的或非生物的胁迫条件的威胁,以及受到突然恶劣的环境变化的冲击而造成植物自身的防御功能严重削弱时,一部分内生病原菌就会活跃地生长起来,引起植物的病害。

植物体本身可以看作一个复杂的微生态系统。在这个系统中,多种微生物能与植物形成营养和竞争的小社会。该系统中的栖息者就是各种各样的细菌,包括准备侵染的植物体外的外围细菌,也包括正在浸透植物组织和已经定植的内部细菌。不同的内生菌占据不同的生态位,在这个植物微生态系统中,各种不同的细菌之间能建立一种动态的平衡体系。生物多样性是构成生态系统的基本条件。就微生物的数量而言,可分为优势种和稀有种。它们有些是有益的,有些是中性的,有些是有潜在危害的。众多的稀有种和几个优势种是构成微生态系统的生物因素。内生菌与内生菌之间,内生菌与宿主植物之间充满和谐与竞争的微生态系统是在长期系统发育过程中共进化的结果。

(三)植物内生菌的生态学研究

1.植物内生菌的来源及进入途径

土壤中普遍存在的内生细菌主要包括芽孢杆菌属、土壤杆菌属、肠杆菌属、棒状杆菌群的纤维单胞菌属和节杆菌属等的种类。对棉花和甜玉米的内生菌调查也发现,两种植物根部和茎部栖息着许多相同分类单位的细菌,而且根中的细菌数量大于茎中的细菌数量,大部分分类单位与土壤中常见的细菌相同,由此进一步证明,这些内生菌起源于根际,并由此进入植物组织内。细菌是通过自然开口和伤口进入植物的。自然开口通常包括侧生根发生处、气孔和水孔;伤口则包括土壤对根的磨损、病虫对植物的损害及收割多年生植物所造成的伤口。研究者在对内生菌研究的过程中发现,细菌可以通过维管束系统进入种子,也可以通过禾谷类花粉通道、成熟种子的种脐、种皮的裂缝开口、种皮背部索状细胞和种脊进入种子,或能够通过次生根进入分生组织,另外还可通过叶表吐水孔的水液进入叶内。

2.植物内生菌在植物体内的存在方式

在不同的植物中存在着各种各样的微生物,它们的特征各不相同,但都可以称之为"与植物联合的微群落"。可将内生菌的存在方式用4组概念来进行描述:依赖性(专性、兼性)、忍耐性(持久、暂时)、专一性(专一、非专一)、定位(外部、内部)。目前假单胞菌属、肠杆菌属、沙雷氏菌属、产碱菌属、志贺氏菌属和柠檬细菌属等及革兰氏阳性球菌的一些属的内生菌都属于兼性内生,它们不仅存在于植物的内部,而且也常见于土壤中。红苍白草螺菌或织片草螺菌只能够生活在高粱和甘蔗等作物组织内,它们属于只存在于植物内部而在植物根际无法分离到的专性内生细菌。有的植物内生菌可以永久存在于植物组织内,有的在整个生育期只存在一段时间,如甜菜中的腐烂棒杆菌存在于其整个生活史中水稻内生菌成团肠杆菌也能够在水稻的整个生活史中存在。然而大部分的内生菌只能存在于植物的部分生长时期。

(四)植物内生菌的生物学作用

植物内生菌作为植物微生态系统中的组成成分,它们的存在可能促进了寄主植物对环境的适应,加强了系统的生态平衡。目前已了解到的植物内生菌的生物学作用主要有作为生物防治剂、植物促生和固氮。

1.植物内生菌可作为生物防治剂

内生菌(包括真菌和细菌)作为生物防治剂的优点:植物内生菌可以系统地分布于植物组织内,并有足够的碳源和氮源,而且受到植物组织的保护,比暴露于恶劣环境(强烈的日光、紫外线、暴风雨等)的附生菌具有更稳定的生存环境,更易于发挥作用。植物内生菌作为生物防治剂,其优点主要体现在以下几个方面。

(1)植物内生菌可以作为外源基因的载体

将某些基因导入植物内生菌中,可提高植物的抗病虫能力,而植物本身的基因不发生改变,这样就可以保持植物的天然性状。

(2)植物内生菌可以与病菌直接相互作用

植物内生菌系统地分布于植物体根、茎、叶、花、果实、种子等的细胞或细胞间隙中,它可以直接面对病菌的侵染,对病菌的致病因子或病菌本身发起进攻,降解病菌菌丝或致病因子,或诱导植物产生诱导系统抗性抑制病菌生长。植物内生菌可以经受住植物防卫反应的作用:病原物在侵染植物时,无论感病植株还是抗病植株,寄主植物或多或少地产生一些抗菌物质,如植保素、病程相关蛋白、酚类化合物等,分离来自土壤或植物根际的细菌作为防防因子,如果植物分泌的抗菌物质对它们有拮抗作用,那么它们的生防效果就会打折扣。然而,由于内生菌与植物长期生活在一起,其细胞膜特性不同于腐生细菌,对植物产生的抗菌毒性物质也有了耐性,因此它作为生防菌相对于其他细菌更具有竞争性。

(3)植物内生菌占据有利于生物防治的生态位置

植物内生菌分布于植物的不同组织中,有充足的营养物质,同时由于受到植物组织的保护,而不受外部恶劣环境(如强烈日光、紫外线、风雨等)的影响,因此具有稳定的生态环境,相对于腐生细菌更易于发挥生防作用,如某些根际定植的内生菌能产生噬铁元素并与病菌竞争铁元素,而植物不受影响;又如荧光假单胞杆菌能产生一种黄绿色噬铁素并与病菌竞争铁,从而导致病菌因得不到铁元素而死亡。

2. 植物内生菌对植物的促生作用

研究表明,有些植物内生菌能够像植物根际促生细菌一样,产生植物促生物质,如植物激素等。在这方面研究得最多的是吲哚乙酸,假单胞菌属、芽孢杆菌属等都能产生吲哚乙酸或赤霉素,草生欧文氏菌不仅能产生吲哚乙酸,而且还能产生细胞分裂素。这些物质都能有效地促进植物的生长。从墨西哥分离的 18 株重氮营养醋杆菌都有产生生长素的能力,表明重氮营养醋杆菌在与植物相互作用过程中不仅能固氮,而且还可以通过生长素的调节作用影响植物的代谢,促进植物生长。冯永君等的研究也表明,产酸克雷伯氏菌产生的生长素对水稻植株的生长和发育起着重要的调节作用。植物内生菌还能够通过与病原菌竞争营养和空间或直接产生拮抗物质而抑制病原菌,起到间接促生作用。如分离自橡树的内生菌,有些能够产生抗生素或产生几丁质酶抑制病原菌,而分离自土豆的某些内生菌能够产生抑菌物质,它通过抑制一种引起马铃薯环腐病的病原菌而间接地促进植物生长。

3. 植物内生菌的固氮作用

最近的研究发现,很多植物内生菌可以从空气中吸收氮,并将其固定为化合态氮,这为人们研究非豆科作物共生固氮提供了一条新的途径。固氮内生菌与植物之间无论在微生态学上还是在代谢上是一种和谐联合的关系。固氮内生菌能利用植物产生的多余能量发挥固氮作用,但又受到植物的这种长期共同进化过程中形成的调控系统的宏观调节,植物能始终处于相对主动的地位。因此,有效地发挥非豆科作物内生菌共生固氮作用,在一定程度上可以取代或减少化肥的使用。如巴西和菲律宾,虽然连年不施氮肥,但甘蔗和水稻依然能获得较高的产量,就是由于甘蔗和水稻体内的内生固氮细菌为其提供了氮素。

六、植物—丛枝菌根联合修复技术

在生态系统中,真菌与植物根系之间存在着共生关系,它们所形成的联合体称为菌根。根据共生的真菌、植物种类和形成的共生体的特点将菌根分为 7 种类型,其中的丛枝菌根是由丛枝菌根真菌与植物根部形成的一种内生菌根。丛枝菌根一方面可以增加植物营养,另一方面能够影响植物对土壤重金属的吸收与累积。丛枝菌根的根外菌丝能够吸附环境中的重金属离子,极大地降低其浓度,并可以直接影响重金属离子在真菌和植物体内的分配。

丛枝菌根真菌能够与大部分陆生高等植物($>80\%$)形成互惠共生体,是最普遍、最古老的植物促生菌之一。从 20 世纪八 90 年代开始,丛枝菌根真菌被引入无机物(以重金属为代表)和持久性有机污染物污染土壤的植物修复中,在植物和污染土壤的定植和修复中起到了积极的作用。

(一)丛枝菌根真菌促进植物的定植和生长

丛枝菌根真菌可以增强植物抗逆境能力,促进植物生长,改善土壤的生态环境,为污染土壤的植物修复奠定了良好的基础。丛枝菌根真菌提高植物对污染物的耐受性的机理尚有待研究,其可能的机理如下:丛枝菌根真菌扩大了根区范围,并分泌磷酸酶,改善植物的水分和养分状况;丛枝菌根真菌可以固定污染物,对污染物产生了过滤作用,降低污染物对植物体的胁迫;丛枝菌根真菌增大了植物生物量,对进入体内的污染物有稀释作用,也就相对增加了植物耐受性。

(二)丛枝菌根真菌促进污染土壤的植物修复

丛枝菌根真菌促进重金属(包括类金属)污染土壤的植物修复。

丛枝菌根真菌最初被应用于重金属污染土壤的植物修复。它不仅可以增加植物在重金属污染土壤中的生物量,还可以强化植物对重金属污染土壤的修复。丛枝菌根真菌对土壤溶液中锌浓度的降低从实质上减弱了锌对植物以及土壤生态系统的威胁,对污染土壤的植物修复有重要的意义。丛枝菌根真菌对重金属植物修复的促进作用是通过自身固定重金属和提高宿主植物的固定化作用和提取作用实现的。

丛枝菌根真菌促进宿主植物的修复作用:丛枝菌根真菌可以通过促进根固定化和植物提取作用提高宿主植物对重金属污染土壤的修复效率。丛枝菌根真菌可以提高重金属在植物根表和植物根内的富集。植物根固定化作用的增强,降低了重金属对植物本身和土壤生态环境的影响,在一定时期内降低污染物对生态系统的毒性。然而,植物根的固定化作用并不能彻底地去除重金属,其潜在威胁仍然存在。植物提取可以通过植物根系吸收污染土壤中的重金属并运移至植物地上部分,通过收割植物茎叶完成土壤中重金属的彻底去除。丛枝菌根真菌与某些宿主植物结合,也可以提高其植物提取效率。

(三)影响丛枝菌根真菌在植物修复中作用的因素

尽管以上研究都显示丛枝菌根真菌在污染土壤的植物修复中起到了积极作用,但其作用大小和机理受修复体系和周围环境多种因素的影响。

1.污染物的性质及浓度

不同污染物具有不同的溶解度、毒性、生物可利用性,这可能影响丛枝菌根真菌的侵染率和作用。相对无从枝菌根真菌的对照组,在土壤中锌和铅的浓度较低时,丛枝菌根真菌促进了污染物的提取;在锌和铅浓度较高时,丛枝菌根真菌抑制了污染物的提取。后者可能与丛枝菌根真菌能缓解重金属对植物的毒害有关。

2.宿主植物

不同的宿主植物丛枝菌根真菌的侵染率有明显的区别,而丛枝菌根真菌在其中发挥的作用也有所差异。丛枝菌根真菌感染率和作用的差别可能与不同植物根系的形态、脂肪含量、分泌物等有关。此外,在同一种植物根形态不同时,丛枝菌根真菌的感染率和作用也有差别。

3.环境因素

环境因素,比如土壤酸碱度、土壤有机物含量、修复时间、土壤营养物(如氮、磷)含量、土壤水分等都可能影响丛枝菌根真菌的接种、植物的生长及植物修复效果。

七、植物－根瘤菌联合修复技术

根瘤菌与豆科植物共生能够固定空气中的氮气,也可以直接沉淀、转化、吸附重金属,降低重金属浓度。除此之外,根瘤菌可以通过固氮、磷溶解、植物激素合成、铁载体释放等促进豆科植物生长,同时降低重金属毒性。天蓝苜蓿根瘤菌能有效吸附去除 Cu^{2+}。褐土接种根瘤菌后固相结合态 Zn 总量能够降低 10%,专性吸附态、氧化锰结合态和有机结合态 Zn 总量减少 9%～26%。植物－微生物联合修复技术集合了植物修复与微生物修复的优点,并弥补了各自的不足之处,在一定程度上提高了吸附重金属的能力。

(一)根瘤菌 MAMP 在共生互作中的作用

植物可以通过模式识别受体感知微生物相关分子模式并激发免疫反应,被称为模式触发的免疫反应。该免疫反应在抵御病原菌入侵、调控植物周围环境中微生物种类和组合起到了重要作用。微生物 MAMP 和植物 PRR 的多样化组合正是调控与不同微生物互作的一个关键因素。根瘤菌是一种典型的革兰氏阴性菌。革兰氏阴性菌细胞壁分为外壁层和内壁层。外壁层最外层是脂多糖,内壁层含有一层结构疏松的肽聚糖。

由于根瘤菌中的很多分子模式与病原菌分子模式结构非常相似,并且在已鉴定的与免疫相关的苜蓿突变体 nad1 中很多受体类蛋白表达上调,但是哪些分子模式被这些受体类蛋白识别激发免疫反应影响共生过程仍然未知。在根瘤菌和植物互相识别的过程中,植物是如何区分匹配的根瘤菌以及不匹配的根瘤菌和病原菌的,根瘤菌又是如何利用和调整自身的分子模式以帮助自己与植物的互作过程的,这些还存在很多未知。在未来,我们或许可以通过各种技术综合鉴定出这些在共生过程中发挥着重要作用的分子模式以及其相应的受体蛋白,为人们更好地利用这个识别模式奠定基础。

(二)根瘤菌释放的效应蛋白触发的免疫反应的调节

植物类受体激酶和类受体蛋白识别病原菌的 MAMP 后触发免疫反应,试图杀死病原菌。病原菌则释放效应蛋白进入植物体内,通常靶向植物 PTI 反应中的各个组分阻止免疫反应的产生,以便让自己顺利侵入。植物也进化出识别效应蛋白的 R(Resistance)蛋白。R 蛋白能够特异识别病原菌释放的效应蛋白,从而激活免疫反应(Effetor－triggered Immunity,ETI)。

在豆科植物与根瘤菌的互作中,宿主植物需要对根瘤数目和发育、根瘤菌定植、根瘤菌固氮效率以及与根瘤菌之间的营养交换等进行精细的调控,而根瘤菌作为外来入侵的细菌,可以向植物细胞内分泌效应蛋白来调控与植物的共生互作。在宿主应对病原微生物的反应中,病原菌通过Ⅲ型分泌系统分泌的效应蛋白主要是抑制宿主的免疫反应。除少部分根瘤菌(如苜蓿根瘤菌)外,大部分根瘤菌基因组中都含有编码Ⅲ型分泌系统的各个基因。然而,根瘤菌Ⅲ型效应蛋白是否也参与调控共生互作中的免疫反应大都未知。目前被研究的几个Ⅲ型效应蛋白在共生中主要起正调控作用,然而也有实验证明根瘤菌Ⅲ型效应蛋白在共生互作中起负调控作用。如在植物病原菌 Ralstonia 中转入根瘤菌的共生质粒,赋予它形成无效瘤的能力。在经过几轮的重复竞争性接种后,根瘤菌能够通过自发地抑制三型分泌系统从而获得形成更多共生根瘤的能力。

根瘤菌分泌的效应蛋白很多在根瘤菌与豆科植物的共生中起正向调控作用,但也有部分效应蛋白在根瘤菌与不同的豆科植物的互作中具有不同的作用。根瘤菌的Ⅲ型分泌系统能够分泌出很多效应蛋白,但是负向调控共生的效应蛋白还有很多未被鉴定。由于病原菌的效应蛋白可以靶标到免疫反应过程中的各个组分,因此根瘤菌效应蛋白靶标的研究能够为人们了解共生通路的免疫调控奠定基础。

(三)根瘤菌定殖过程中免疫反应的调节

根瘤主要有两种形态,如大豆、百脉根等产生的定型根瘤和苜蓿等产生的不定型根瘤。两者的其中一个区别在于根瘤原基起始的根部的皮层细胞不同。不定型根瘤的细胞分裂发生于内皮层细胞和中髓鞘，定型根瘤的细胞通常发生于中皮层或者外皮层细胞。不定型根瘤的形态通常是圆柱状或者分叉状，并且根瘤细胞根据根瘤菌侵染状态不同可大致分为4 个区域：Ⅰ区为根瘤顶端的分生组织；Ⅱ区为从侵染线释放根瘤菌侵染植物细胞的侵染区；Ⅱ～Ⅲ区为过渡区；Ⅲ区为类菌体固氮的区域；Ⅳ区的类菌体正在衰老，为衰老区。相比较而言，定型根瘤没有一个持续的分生组织，形态趋近于球形，没有类似不定型根瘤的分区。

　　定型根瘤与不定型根瘤除了根瘤形态不同（不定型根瘤具有根瘤分区）外，最大的区别是大部分不定型根瘤中的根瘤菌会经历末端分化：细胞膨大，基因组加倍，膜的修饰以及繁殖能力的丧失等。目前认为是由根瘤中一类特异表达的抗菌肽（Nodule－specific cysteine rich peptides，NCRs)所控制的。苜蓿根瘤类菌体形态的苜蓿中华根瘤菌需要 BacA 降低植物 NCR 肽诱导的膜透化作用和 NCR 肽的杀菌能力，而体外 NCR肽诱导根瘤菌使其具有类菌体特性则不依赖于 BacA 蛋白。这表明豆科植物在和根瘤菌的博弈过程中使用了免疫这一武器而且双方都对这一免疫反应进行了调节。

第三节　化学－生物联合修复技术

　　化学－生物联合修复是 21 世纪以来才发展起来的一种全新的修复重金属－有机污染物复合污染土壤的方法，主要采用传统的化学修复技术与现阶段比较新兴的超积累植物富集微生物降解等生物修复技术进行技术联合及工艺上的改进，取长补短，效率更佳。

　　化学－生物联合修复技术主要是把传统的化学修复技术与现代各种生物修复技术进行参数优化、改造后进行最佳组合，通过优势互补和技术综合对复合污染土壤进行修复。其主要的修复机理是通过化学氧化、土壤催化氧化、化学聚合、化学还原、化学脱氯与生物修复中植物的超积累富集吸收、微生物的分解与固定的综合利用去除污染土壤中的重金属和有毒有机物,与单一的修复技术相比,化学－生物联合修复有机污染物污染的效率也更高一些。

一、化学氧化－生物修复技术

化学氧化－生物修复技术是为了克服生物降解技术的缺点,利用化学氧化剂在生物降解之前预先对污染土壤进行化学氧化处理。化学氧化是向污染土壤加入化学氧化药剂,使其与有机物发生氧化降解反应,对不同土质和污染物的应用范围较广,常用于场地土壤化学氧化修复的化学试剂有臭氧(O_3)、高锰酸盐(MnO^{4-})、过氧化氢(H_2O_2)及芬顿试剂和过硫酸盐(S_2O_82-,PS)。主要氧化剂发生作用的机理如下:

芬顿及类芬顿和过硫酸盐氧化技术对大多数的有机物均有较好的降解效果,是目前应用较为广泛的氧化修复技术。芬顿及类芬顿试剂,通过活化过氧化氢(H_2O_2)产生羟基自由基(·OH)等对土壤中的污染物进行氧化反应,由于羟基自由基的强氧化性与无选择性,对大多数的有机物均有较好的降解效果。其可通过脱氢反应、不饱和烃加成反应、芳香环加成反应及与杂原子氮、磷、硫的反应等方式与烷烃、烯烃、芳香烃等有机物氧化反应。

臭氧氧化能力很强,其标准氧化还原电位为2.07V。臭氧与多环芳烃反应后,多环芳烃分子上的原子被取代或芳香环断裂。其反应方式包括直接氧化和间接氧化两种。直接氧化过程中臭氧直接氧化多环芳烃分子上的不饱和碳碳双键,形成过渡型氧化中间产物,最终转化成二氧化碳和水。间接氧化主要依赖臭氧自分解产生的羟基自由基,羟基自由基能迅速地氧化多环芳烃分子中的碳碳键。

二、原位化学氧化－微生物降解联合修复技术

原位化学氧化－微生物降解联合修复土壤主要是通过电化学氧化(修复中常用的氧化剂有 Fenton 试剂、$KMnO_4$、O_3 等)、化学聚合与微生

物(细菌、真菌、酵母、藻类等)的氧化－还原作用、脱羧作用、脱氨作用、脱水作用、水解作用等降解技术的综合利用,修复重金属－有机污染物复合污染的土壤,特别是那些以有毒有机物污染为主的复合污染土壤。如受医用药品污染的农业耕地、菜园等,其中含有农药、油类、有机洗涤剂、多环芳烃、重金属等,以有毒有机物污染为主。对于这类污染的修复先要进行实地勘察和预备试验,确定污染物的类型及具体成分,控制好土壤的温度、湿度、Eh 值,以提高土壤中微生物的活性。因为大部分的有机物可以通过光分解、热分解、化学分解、生物降解被去除,而生物降解又是最彻底的一步,因此可以先采取微生物降解修复,特别是根际圈生物降解修复,加入表面活性剂或螯合剂,通过微生物的氨化、硝化、固氮及纤维素分解作用等生化过程去除污染土壤中可降解的农药、石油和其他有机污染物;而对于污染土壤中的重金属或微生物难以降解的物质如油类、有机溶剂、多环芳烃以及非水溶态氯化物等污染物,可以采用原位氧化修复,通过添加一些化学氧化剂与污染物产生的氧化反应,达到使污染物降低或转化为低毒、低移动性产物,从而降低土壤中污染物的浓度。

三、原位化学还原－超积累植物富集联合修复技术

由于土壤受到的是重金属－有机物共同作用的复合污染,虽然植物对土壤中的有毒有机污染物也有一定程度的吸收、挥发和降解修复,但相比于化学修复,速度和广度都难以达到要求。因此,应该用原位还原修复与之相结合,利用化学还原剂将重金属和有毒有机污染物还原为难溶态,从而使污染物在土壤环境中的迁移性和生物可利用性降低,进一步降低它们的浓度。

原位化学还原－超积累植物富集联合修复主要是通过化学还原、还原脱氯(修复中常用的还原剂有 SO_2、Fe 胶体、气态 H_2S、有机碳等)与超积累植物的提取、挥发、稳定、降解、根际圈生物降解等作用的综合利用,对重金属－有机污染物复合污染土壤进行修复,特别适用于以重金属占主导地位的酸性复合污染土壤。修复时根据场地的土壤性质及污染物中重金属种类的不同,栽种不同的超积累植物吸收富集重金属。

参考文献

[1]王夏晖,刘瑞平,何军,王金南.土壤污染防治规划技术方法与实践[M].中国环境出版集团,2022.02.

[2]乔冬梅,赵宇龙,白芳芳,李白玉.重金属铅污染土壤的植物修复机理研究[M].郑州:黄河水利出版社,2022.03.

[3]谷庆宝,马福俊,桑义敏,彭昌盛,闫大海,马妍.污染场地土壤热处理技术及工程应用[M].中国环境出版集团有限公司,2022.07.

[4]李雄,郗厚诚,周新茂.云南常见环境污染修复植物资源[M].昆明:云南科技出版社,2022.06.

[5]聂麦茜.土壤污染修复工程[M].西安:西安交通大学出版社,2021.08.

[6]能子礼超.土壤污染防治规划与评价[M].成都:四川大学出版社,2021.02.

[7]严金龙,全桂香,崔立强.土壤环境与污染修复[M].北京:中国科学技术出版社,2021.12.

[8]张英杰,董鹏,李彬,孟奇.重金属污染土壤修复电化学技术[M].北京:冶金工业出版社,2021.05.

[9]吴劲,李娇,滕彦国.矿业城市土壤和沉积物重金属污染源解析研究[M].北京:地质出版社,2021.03.

[10]李春萍.水泥窑协同处置污染土壤实用技术[M].北京:中国建材工业出版社,2021.02.

[11]黄英,金克盛,樊宇航.污染红土的迁移特性[M].成都:四川大学出版社,2021.07.

[12]胡保卫,王祥科,邱木清,王海.土壤污染修复技术研究与应用[M].

杭州:浙江科学技术出版社,2020.12.

[13]王欢欢.土壤污染治理责任研究[M].上海:复旦大学出版社,2020.11.

[14]刘忠闯.汞污染土壤修复技术[M].北京:科学技术文献出版社,2020.08.

[15]陈志良,刘晓文,黄玲.土壤砷的地球化学行为及稳定化修复[M].中国环境出版集团,2018.11.

[16]杜立宇,兰希平,林大松.土壤重金属镉污染修复技术原理与应用[M].沈阳:辽宁科学技术出版社,2020.09.

[17]刘廷良.土壤常见无机污染物分析测定方法图文解读[M].中国环境出版集团,2020.12.

[18]王灿发,赵胜彪.土壤污染与健康维权[M].武汉:华中科技大学出版社,2019.11.

[19]林立金,廖明安.果园土壤重金属镉污染与植物修复[M].成都:四川大学出版社,2019.09.

[20]曾宪彩.不同土壤添加剂对三七种植区砷污染土壤的修复效果研究[M].黄河水利出版社,2019.06.

[21]宋立杰,安淼,林永江,赵由才.农用地污染土壤修复技术[M].北京:冶金工业出版社,2019.01.

[22]赵贵章.基于地质雷达信号波的土壤重金属污染探测方法研究[M].北京:地质出版社,2019.03.

[23]李小英,钟琦.新型电弧直读发射光谱技术在土壤重金属检测中的应用与研究[M].成都:四川科学技术出版社,2019.03.

[24]魏光普,于晓燕.轻稀土尾矿库周边植物恢复模式及其土壤修复效应研究[M].北京:中国农业大学出版社,2019.12.

[25]施维林.土壤污染与修复[M].北京:中国建材工业出版社,2018.06.

[26]侯红.耕地土壤污染风险管控技术模式与成效评估方法研究[M].中国环境出版集团,2018.05.

[27]刁春燕.有机污染土壤植物生态修复研究[M].成都:西南交通大学出版社,2018.08.

[28]毛欣宇.电动修复及其改进联用技术对重金属污染土壤的修复研究[M].南京:河海大学出版社,2018.12.

[29]陈昆柏,郭春霞,金均.污染场地调查与修复[M].郑州:河南科学技术出版社,2017.07.

[30]刘祖文,张军.离子型稀土矿区土壤氮化物污染机理[M].北京:冶金工业出版社,2018.02.